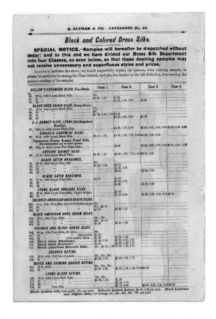

圖一（上左）、圖二（上右） 美國鄉村的郵購目錄（詳見內文頁34）。

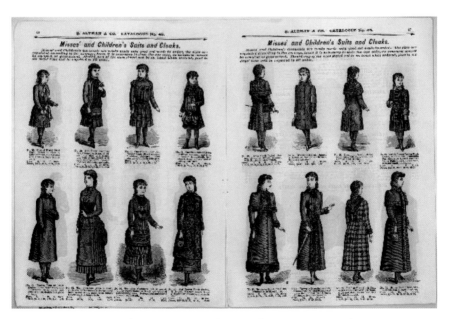

圖三 美國鄉村的郵購目錄（詳見內文頁35）。

圖四　一九一七年賓夕法尼亞州火車站的一塊看板（詳見內文頁43）。

圖五（上左）、圖六（上右）　《紐約時報》為龐氏的化妝品做
的廣告宣傳（詳見內文頁41）。

圖七 一九二二年亞特蘭大一條商業街的照片（詳見內文頁44）。

圖八 刊登在《女性之家》和《好管家》期刊上的力士洗衣片廣告（詳見內文頁62）。

圖九 刊登在《女性之家》和《好管家》期刊上的龐氏女性護膚品廣告（詳見內文頁62）。

圖十（上左）、圖十一（上右） 美國早期女性彩妝化妝品CUTEX
的兩幅廣告圖片（詳見內文頁57）。

圖十二 一九○八年《好管家》
雜誌封面插圖（詳見內文頁65）。

圖十三 一九二六年《好管家》
雜誌封面插圖（詳見內文頁65）。

史學研究叢書・歷史文化叢刊

美國現代廣告業與新消費文化的興起 1885-1929

楊韶杰 著

目次

引言

　　當今社會，消費無時不有，無處不在。消費不僅能夠滿足人們的物質及精神需求，還對生產起著引導作用，在經濟發展中具有重要地位。同時，消費不僅是人們日常可見的經濟現象，也是一種倫理文化現象。消費文化是消費者在進行或準備進行消費活動時對消費品、消費方式、消費過程、消費趨勢的總體認知、評價與價值判斷，它直接影響和決定人們的消費行為。作為經濟發展的產物，社會轉型期的消費文化往往受到經濟、社會、政治等多種不確定因素的影響而發生轉變，在這期間有意識加強對消費文化的研究和認識，樹立和提倡正確的消費理念及模式，對促進社會生產與經濟文化的健康、可持續發展具有重要意義。

　　在國外學界，關於消費文化的研究向來是一個熱點，特別是新史學出現以後，西方學界對它的認識和研究更加深入。作為社會文化和生活方式的重要表現之一，消費文化展示了普通大眾在特定時代背景下對生活方式與消費觀念的認知與態度。美國史學界對社會轉型期新消費文化的研究是伴隨著同時期社會問題的出現而開始的。對消費文化研究比較早的是美國制度經濟學派的鼻祖凡勃倫，他在《有閑階級論》[1]一書中，分析了經濟行為中的非經濟因素，指出有閑階級透過自己特殊的階級地位，以炫耀性的消費方式來標榜自我身分與彰顯優

1　（美）索爾斯坦・凡勃倫著、蔡受百譯：《有閑階級論》，北京市：商務印書館，2019年第1版。

越感。對美國社會轉型研究較為具體的有布爾斯廷，他在《美國人》
三部曲之一的《美國人——民主歷程》[2]一書中，從大眾社會史的角
度分析了大眾消費文化及消費共同體的產生，並從服飾的大眾化、購
物的大眾化，農村的城市化及農民是如何加入消費共同體等方面展開
了相關研究。他透過普通人的生活經歷展示了美國消費文化的變遷與
生活方式的轉變，闡釋了美國特色實用主義思想及行為傳統的演變過
程。歷史學家佐京在其《購物如何改變美國的文化》[3]中分析了美國
社會的市場化過程是如何影響美國的消費文化的。他認為：大部分的
農村勞動力湧進城市，以掙取工資為生；購買生活資料成為人們重要
的日常生活行為而不僅僅是一種消遣的行為；在持續不斷的消費迴圈
中，一種新的生活方式，及其消費觀念逐漸形成。蘇珊・馬特在《與
鄰居的攀比：美國消費社會中的嫉妒》[4]中指出，與鄰居的攀比也成
為消費文化興起的一種推動力，在消費之風彌漫整個社會時，人與人
之間的攀比成了一種催化劑。邁克格文在他的《銷售美國：消費和公
民》[5]一書中分析了廣告業的發展、公民意識的產生、廣告業中的政
治語境等，指出在當時的社會中，消費主義已成為社會的整體性意
識；在其另一本書《儲蓄和消費》[6]中，他論述了消費文化是如何最

2　（美）丹尼爾・布爾斯廷著、中國對外翻譯出版公司譯：《美國人——民主歷程》，
　　北京市：生活・讀書・新知三聯書店，1993年。

3　Sharon Zukin, *Point of Purchase: How Shopping Changed American Culture*, New York
　　and London: Routledge, 2004.

4　Susan J. Matt, *Keeping Up With the Joneses, Envy in American Consumer Society, 1890-
　　1930*, Philadelphia: University of Pennsylvania Press, 2003.

5　Charles McGovern, *Sold American: Consumption and Citizenship, 1890-1945*, Chapel
　　Hill: The University of North Carolina Press, 2006.

6　Susan Strasser,Charles McGovern and Matthias Judt, eds. *Getting and Spending:
　　European and American Consumer Societies in the 20th Century*, Washington, D. C.:
　　Cambridge University Press, 1998.

終成為國家層面所宣導的文化要素。詹姆斯・C・大衛斯在其《多彩的商業》[7]一書中則提到了在社會大融合中消費主義所起的積極促進作用。

在分析影響消費行為的眾多因素中，斯坦利的《追求幸福》[8]和羅格的《消費欲望》[9]分析了消費主義和人們追求幸福生活、改善生活品質之間的聯繫。斯坦利和羅格認為，市場化是改變人們消費觀念的直接因素，無論是在城市還是鄉村，市場參與都給大眾提供了瞭解外部世界的機會，也使其真實感受到經濟大發展所帶來的變化。透過湯姆斯・都柏林的《從農場到工廠：一八三〇年至一八六〇年間部分女工的信件》，我們得以瞭解那個時代普通人對於市場的真實態度和社會反映。[10]魯迪透過對這一時期美國普通家庭消費的狀況調查，分析了市場化給普通家庭帶來的的影響。[11]此外，唐納德・斯科特等人的《美國家庭史》[12]探討了不同階層在消費中所表現出的不同特點，卡倫・哈爾圖恩編訂的《美國文化史研究指南》[13]中也重點分析了新消費文化的特點及影響。

7　James C. Davis, *Commerce in Color: Race, Consumer Culture and American Literature, 1893-1933,* Michigan：The University of Michigan Press, 2007.

8　Stanley Lebergoot, *Pursuing Happiness: American Consumers in the 20th Century,* New Jersey: Princeton University Press, 1993.

9　Roger Rosenblatt，*Consuming Desires: Consumption, Culture and the Pursuit of Happiness,* Washington，D. C.: Island Press, 1999.

10　Thomas Dublin, *Farm to Factory: Women's Letters, 1830-1860,* New York: Columbia University Press, 1993.

11　Rudy Ray Seward, *The American Family，A Demographic History，*Beverly Hills: Sage Publications, 1978.

12　Donald M. Scoot and Bernard Wishy, eds.，*America's Families: A Documentary History,* New York: Harper and Row Publishers, 1982.

13　Karen Halttunen, ed., *A Companion to American Cultural History,* MA: Blackwell Publishing, 2008.

　　廣告業的發展是推動新消費文化興起的重要因素之一，西方學界對美國廣告業及其對新消費文化產生的影響給與一定的關注。羅莎妮的《廣告社會和消費文化》[14]介紹了廣告對社會生活的滲透，以及對人們消費習慣的影響。古德溫的《消費社會》從宏觀層面上分析了廣告在消費文化傳播過程中所起的作用。[15]潘蜜拉‧賴爾德從美國經濟社會發展所帶來的一系列變革以及行銷手段的變化，分析了美國現代廣告業對於消費市場產生影響的種種表現。[16]

　　我國史學界對美國新消費文化的研究還處於宏觀層面的探討階段，研究主要集中於對新消費文化的產生原因及意義影響等層面的論述方面，對廣告與新消費文化的關係的研究還未系統展開。王曉德教授在《文化的帝國：二十世紀全球「美國化」研究》[17]一書中，對現代大眾消費主義在美國的興起及其產生的影響進行了深刻的分析，指出消費主義的盛行是和美國的現代化發展進程是密不可分的，工業化改變了美國的生產方式和生活方式，給大眾消費文化的產生提供了物質基礎。張曉立在其《美國文化變遷探索——從清教文化到消費文化的歷史演變》[18]一書中，從文化變遷的角度對美國消費文化的產生歷程進行了梳理，指出在美國文化，伴隨著工業革命的洗禮和經濟增長方式的轉變，從清教文化轉變為流行文化占主導的新文化過程中，經

14 Roxanne Hovland and Joyce M.Wolburg, eds. *Advertising Society and Consumer Culture*, New York: M. E. Sharp, 2010.

15 Neva R. Goodwin, Frank Ackerman and David Kiron, eds. *The Consumer Society*, Washington, D. C.: Island Press, 1997.

16 Pamela Walker Laird, *Advertising Progress: American Business and the Rise of Consumer Marketing*, Baltimore: The Jones Hopkins University Press, 1998.

17 王曉德：《文化的帝國：二十世紀全球「美國化」研究》，北京市：中國社會科學出版社，2011年。

18 張曉立：《美國文化變遷探索——從清教文化到消費文化的歷史演變》，北京市：光明日報出版社，2010年。

濟環境的改變是一個重要因素。劉鳳環從耐用消費品商品進入美國家
庭的過程考察了美國消費社會的形成，同時對美國大眾日常消費中的
「消費偶像」問題進行了分析。[19]此外，王旭在其《美國城市化的歷
史解讀》[20]中對美國城市化發展過程中出現的新城市文化進行了探
討。在廣告與消費倫理的關係方面，王儒年等在〈美國二十世紀二〇
年代的廣告與消費倫理〉[21]中分析了二十世紀二〇年代廣告引導美國
大眾建立新消費倫理的過程，著重闡述了廣告對美國的社會經濟生活
產生的影響。上述學者的研究從不同層面闡述了社會發展的不同層面
對新消費文化形成及發展的影響，但對作為新消費文化鼓吹者的現代
廣告業及其與新消費文化興起的關係的探討仍顯不足。

　　當前我國正處於社會轉型的關鍵時期，經濟社會的發展使人們的
收入與生活水準均不斷提高，大眾消費需求也隨之發生了變化。面對
琳琅滿目的商品和形形色色的廣告宣傳，如何引導人們形成健康、理
性的消費觀念，不僅事關個體福祉，更關係到經濟社會能否持續健康
和諧發展。分析十九世紀末二十世紀初，美國社會轉型期興起的新消
費文化及其與廣告之間的關係，可以為我國構建本土健康的消費文化
提供一個參照對象。

　　本書共分四章：第一章介紹了美國新消費文化興起的背景，以及
不同階層在轉型期所表現出的不同消費特徵；第二章分析了美國現代
廣告業發展的基本歷程，以及廣告對鄉村與城市生活的影響；第三章

---

19 劉鳳環：〈美國消費社會的形成──美國耐用消費品革命的劃時代意義〉，《濟南大
　　學學報（社會科學版）》2015年第1期，頁87-90；劉鳳環：〈一九二〇年代美國大眾
　　文化與「消費偶像」的誕生〉，《中外企業家》2010年第5期，頁182-184；劉鳳環：
　　〈淺析美國柯立芝時代現代行銷模式的發展〉，《才智》2012年第8期，頁11。

20 王旭：《美國城市化的歷史解讀》，長沙市：岳麓書社，2003年。

21 王儒年、趙華：〈美國二十世紀二〇年代的廣告與消費倫理〉，《連雲港職業技術學
　　院學報》2001年第4期，頁41-45。

考察了現代廣告對大眾消費意願及購買行為的影響，以及消費者，特別是女性消費者對廣告的認知與態度；第四章在前面三章分析的基礎上，對十九世紀末二十世紀初美國社會興起的新消費文化進行了歷史語境下的反思，並結合實際指出了該反思對我國轉型期消費文化的啟示。

第一章
美國社會轉型期新消費文化的興起及特點

　　消費文化是消費者對消費活動的認知，是消費者在進行或準備進行消費活動時對消費品、消費方式、消費過程、消費趨勢的總體看法、評價與價值判斷。它直接影響和決定人們的消費行為。消費文化的形成和轉變與一定社會生產力發展水準及社會文化發展水準相適應，同一定社會主流的社會意識形態有著密不可分的關係。[1]美國新消費文化的興起也有其特定的時代背景。作為經濟社會轉型的產物之一，它深刻反映了美國民眾在這一轉變過程中生活方式和消費習慣的變化。新消費文化作為一種大眾參與的消費文化，它的參與者主要包括城市中的新中產階級、工人階層，以及生活在鄉村的農民。由於每個群體在經濟收入、消費習慣、生活環境等方面的差異，其消費文化也呈現出了不同特點。本章首先對美國社會轉型時期新消費文化興起的背景進行了梳理，接著對不同階層在該時期所展現出的新消費特點展開了論述，並在此基礎上對轉型期新消費文化的總體性特徵進行了總結。

一　新消費文化興起的社會背景

　　十九世紀八〇年代，工業取代農業成為美國國民財富最主要的來

1　楊魁、高海霞：〈西方消費文化觀念的歷史變遷與發展取向〉，《蘭州大學學報社會科學版》第6期（2009年11月），頁82-88。

源。一八八四年美國的工業產值第一次超過農業產值，占到工農業總產值的百分之五十三點四，一八九九年更占到百分之六十一點八。如按GDP計算，這時工業已超過農業的二倍。[2]到二十世紀初，許多新興部門，例如電力工業、石油部門、化學工業、汽車工業也得到了迅速發展。這一時期，工農業的比重又發生了明顯變化，重工業發展速度超過了輕工業，工業生產總值達到了農業生產總值的三倍之多。至此，美國的工業化已基本完成，開始了由農業國向工業主導的工農業國轉變。這一時期經濟的大發展直接推動了一系列社會現象的變革。

首先，經濟的高速發展帶來了人均收入水準的不斷提升與休閒時間的增多。十九世紀末二十世紀初是美國實現社會轉型的重要時期，美國的經濟實現了質的飛越。伴隨著美國國民生產總值實現的巨大飛躍，轉型期的美國人均收入水準基本處於增長的態勢，這一時期總的特徵是「就業得到充分保障和各階層民眾生活水準的提高」[3]。人們收入增加的同時，平均勞動時間也在不斷減少。據統計，一八九七年美國工人每週的平均勞動時間為五十九點一小時，到一九一四年降為五十五點二小時；一九一九年每週平均四十七點三小時，到一九二九年又降至四十五點七小時。[4]以具體公司的工作時間變化為例，一九二三年的美國鋼鐵公司由每天十二小時的工作制度改為八小時的工作制。一九二六年，福特公司宣布實行每週五天的工作制。這些改變都促使這一時期人們的休閒時間不斷增加。隨著收入的增加和勞動時間

2 李恆舉、王復三：《美國國際化和當代資本主義發展趨勢》，北京市：中國社會科學出版社，1993年。

3 （美）亞瑟‧林克、威廉‧卡頓著、劉緒貽等譯：《一九○○年以來的美國史》（北京市：中國社會科學出版社，1983年），頁12。

4 （美）J.布魯姆等合著、楊國標、張儒林譯：《美國的歷程》上卷，北京市：商務印書館，1988年，頁317。

的減少，人們的消費條件與消費欲望也在發生著改變，為新消費方式和文化的產生奠定了基礎。

表一　一九〇九至一九二九年美國人均收入水準表（單位：美元）[5]

年分	人均收入	年分	人均收入	年分	人均收入
1909	333	1916	413	1923	401
1910	340	1917	410	1924	394
1911	343	1918	388	1925	417
1912	354	1919	370	1926	416
1913	356	1920	354	1927	414
1914	336	1921	298	1928	429
1915	360	1922	348	1929	437

　　其次，新支付模式的出現。除了收入增加與閒暇時間增多，信貸支付等超前消費支付模式也潛移默化改變著人們的消費習慣。在廣告宣傳和各種信貸、擔保公司的鼓動下，超前消費成為越來越多美國民眾採用的消費模式。一九二一至一九二九年之間，採用分期付款實現的交易持續占據美國整個零售業的百分之十二至百分之十五的銷售份額。其中，至少百分之六十的傢俱銷售、百分之十八的珠寶銷售、百分之五十的家用電器銷售、百分之七十五的收音機銷售、百分之六十左右的汽車銷售等均為分期付款的購買模式。一九二九年，美國社會因分期付款而產生的債務為二十億美元，短期的現金擔保為二十六點二億美元，存款擔保為三十億美元，社會保險政策產生的債務為四十億美元左右。[6]

5　The Conference Board Bulletin, February 20, 1932, No. 62, p. 499.

6　U.S. Bureau of Foreign and Domestic Commerce Series, No. 64, *Retail Credit Survey*, 1932.

相較於大城市的貸款消費，鄉村典當鋪（pawn shop）和非官方的民間借貸則是促進中小城鎮和鄉村消費者消費的主要輔助形式。這些規模較小的借貸方式雖然沒有大型銀行那樣很高的安全等級，但是在某一特定區域、針對某些特定居民的小額貸款是仍占有一定的市場份額。一九二六年以後，針對個人的小型金融公司（此類公司一般不具備正規的營業執照）發展迅速，這類小型的金融公司在人口較少的城鎮和小型城市擴張得十分明顯。一九二六至一九三一年，在人數一萬人以下的小城鎮，個人金融擔保公司由二百三十一家擴張到五百九十家；一萬至二點五萬人的城市裡，這種針對個人消費的金融公司從一百九十家增加到五百九十五家。[7]隨著城鎮人口規模的擴大，這種旨在鼓勵人們消費的小型金融公司也在擴張。在整個社會提倡消費的大氛圍下，它們無疑刺激了個人的消費意願，特別是涉及較昂貴商品時，如汽車、冰箱等，信貸消費及分期付款方式就發揮了積極的作用。總之，信貸消費使暫時沒有消費能力的人們也能購買某種商品或者享受某項服務，甚至引誘著美國人開始嘗試超前消費。這些新支付方式的出現在一定程度上改變了人們的消費觀念和消費習慣，刺激了人們的消費欲望。

再次，家庭規模的變化。家庭規模大小是影響家庭開支、具體消費的一個主要因素，特別是對城市家庭的財務支出狀況起著決定性作用，這種變化主要體現在三個方面，一是對家庭中未成年人的消費支出比重上升，二是自我消費意識的增強，三是家庭社會性消費增多。一八八○至一九三○年，美國的農業人口從百分之四十四降到百分之二十二。城市文化較為重視未成年人，針對孩子的消費占據家庭開支的重要部分。核心家庭（由一對夫婦及未婚子女組成的家庭）的出現

---

7 U.S. Bureau of Foreign and Domestic Commerce Series, No.64, *Retail Credit Survey,* 1932.

是這一時期家庭組織最大的變化，家庭規模越來越小，家庭的消費重心隨之發生改變。越來越多的家庭對未成年人的消費越發重視，如對家中子女的教育消費、成長類消費占據整個家庭消費的較大比重。此外，伴隨著家庭規模的變化，以及人們自我意識與自我認同感增強，人們更願意在個人消費上投入更多的時間和金錢。這主要表現在人們對某種具有特別象徵意義的商品的購買方面，比如名錶、豪車、高端服飾和化妝品等。這些能彰顯個人品味和地位的商品受到城市群體的歡迎。最後，家庭規模變小帶來的消費習慣變化還體現在，滿足家庭內部日常生活需要的消費在逐漸減少，而面向家庭之外的社會性消費卻日益增多。比如用於社會交際、文娛活動的開支逐漸增多等，使家庭外部消費逐漸成為家庭消費的主要支出內容。此外，女性權益的受重視，親子關係的變化，夫妻雙方地位的變化等都成為影響家庭消費的重要因素，改變著美國人以往的消費內容和消費習慣。

最後，交通條件的改善、郵遞服務的發展增加了整個國家商品流通的頻率與速度，使得各種各樣的商品能夠在較短時間內就出現在消費者面前。十九世紀末二十世紀初的美國經濟發展速度迅猛，這一時期，美國鐵路的建設速度加快。一八三〇年，美國只有二十三英里鐵路；一八四二年，美國鐵路里程達到二千八百英里，超過歐洲鐵路總長的一千八百英里；到一八五〇年，達到九〇二一英里，居世界第一位；一八六〇年，猛增到三〇六二六英里；一八九〇年，達到約二十點八二萬英里。總的來說，美國的鐵路建設應該算是史上花費最多、規模最大的建設工程。全國性的鐵路網覆蓋美國後，鐵路運輸成為了全國最重要的運輸形式，助推了美國經濟的進一步發展。[8]交通條件的改善，以及同步發展的商品郵寄服務，使得各個階層的人們無論是

8　顧寧：〈美國鐵路與經濟現代化〉，《世界歷史》2003年第6期，頁57-66。

在東部還是西部，都能平等、便捷地享受到自己訂購的商品，消費的便利性大大提升。

　　總之，伴隨著經濟的飛速發展，與人們生活息息相關的收入水準的不斷提高、閒暇時間的增多、以信貸支付為代表的新支付方式的出現、家庭規模的變化，以及交通狀況與郵寄服務的發展，十九世紀末二十世紀初，美國大眾的消費能力與消費條件得到大幅度的改善，為新消費文化的出現提供了廣泛的社會基礎。所以，可以看到，新消費文化是美國社會轉型的產物，它的興起具有其特殊的時代背景。

二　美國各階層消費的新特徵

（一）城市中產階級的消費特徵

　　十九世紀末二十世紀初，美國經濟的持續發展推動了新中產階級的崛起，他們是宣導現代消費文化的主力。十九世紀中期以前，美國社會經濟生活中的小商人、小店主、小手工業主、醫生、律師等獨立業主被稱為老式中產階級。十九世紀末二十世紀初，特別是美國內戰以後，農民的相對數量不斷下降，以包括工程技術人員、管理人員在內的專業人士為主的新中產階級逐漸發展起來。[9]一八七〇年，新中產階級為七十五點六萬人；到一九一〇年，上升到五六〇點九萬人。[10]新中產階級宣導享樂主義消費文化，在塑造美國現代消費文化的過程中發揮了關鍵作用。[11]

9　安然：〈二十世紀六〇年代以來美國公共政策導向對中產階級社會功能的影響〉，《世界歷史》2013年第5期，頁59-73。

10　（美）倫德爾‧卡爾德著、嚴忠志譯：《融資美國夢──消費信貸文化史》（上海市：上海人民出版社，2007年），頁42。

11　郭立珍：〈二十世紀初期中美消費文化對比研究〉，《思想戰線》2010年第4期，頁91-95。

　　筆者將以二十世紀二〇年代美國的舊金山地區為例，透過分析該地區新中產階級的實際消費情況，進一步概括該時期美國城市消費的總體特徵。與東部大城市相比，舊金山中產階級的生活水準比較具有代表性。作為新興的工業城市，舊金山是當時美國工業社會發展的代表性區域之一。隨著城市工業對勞動力需求的不斷增加，舊金山的城市人口在一九〇〇年後迅速增長。此外，現代化企業的管理模式和政府對專業人才的迫切需求等促進了新中產階級的出現。新中產階級又被稱為「白領階級」，由他們組建的家庭被稱為中產階級家庭。他們擁有穩定的收入，並在郊區有自己的獨立房產，家庭成員外出或工作主要是乘坐私家車。中產階級家庭的主要收入來源於從事腦力工作的丈夫，妻子則在家裡負責照顧孩子和料理一般性的家務，煩瑣的家務一般會請家政人員或者透過購買並使用家用電器完成。在這樣的中產階級家庭，信貸消費、分期付款是解決家庭大項開支的重要補充。下文將結合有關統計資料，[12]圍繞舊金山地區中產階級家庭的消費內容及其特徵等展開論述。

　　舊金山中產階級家庭的主要開支集中在食物、服飾、住房、家庭一般生活和休閒娛樂等方面。按照一九二七年十一月的物價水準計

---

12 有關舊金山地區中產階級生活水準和開支的調查是加利福尼亞大學經濟學系在二〇年代組織實施的，結果發布於一九二八年十一月。該地區中產階級從事的主要是一些需要特殊既能的工作，如管理工作和與科學、技術等相關的腦力工作。在當時美國社會，舊金山作為知名的大都市，其工業發展是美國城市發展的代表。在這座新興工業化城市裡崛起的新中產階級也代表了美國社會新階級的興起。本文中引用的一些資料來源自調查的最終結果，包括家庭裡的各項開支，如食物開支、服飾開支、住房開支和其它家用開支。以及家庭各成員的日常消費等。參見：*Cost of Living Studies: Quantity and Cost Estimate of the Standard of the Professional Class*, Volume 5 No. 2, pp. 129-160, Issued November 8, 1928, University of California Publication in Economics, 參見：http://memory.loc.gov/cgi-bin/query/D?coolbib：8./temp/~ammem_FoN5：

算，一個中產階級的四口之家為維持基本的符合其身分地位的生活，每年至少要支出六千五百美元，其中包括家庭用於清還因購買房產、電器、傢俱等而產生的分期付款款項。

1 食物開支

根據調查顯示，收入越高、越穩定的家庭用於食物上的開支越少，而大部分的開支則用於其他社會性的消費上。舊金山地區中產階級全年家庭食物開支平均為一〇四三點二八美元，約占全年總開支的百分之十六。隨著認知水準的提高，人們對飲食健康有了更加理智的認識。中產階級家庭會根據家庭成員的身體狀況、季節、天氣等合理搭配肉食、蔬菜、水果、蛋奶等，達到健康飲食的目的。家庭主婦會參照新聞報紙上經常刊登的健康飲食常識，嘗試不同食物搭配。一戰期間美國政府針對家庭主婦出版的《你能為國家做些什麼》[13]的刊物上，指導家庭主婦如何使飲食更健康，如何使各種食物的搭配更營養，為國民健康貢獻自己的力量。

二十世紀二〇年代對於美國家庭的飲食而言是一個變革的年代。當時的中產階級受社會風尚的影響，生活品質在不斷提高。飲食的多元化、科學化提高了城市居民的生活品質，健康成為大多數家庭的飲食的最大追求，一日三餐也開始符合現代家庭的需要，餐桌上不僅有麵包、牛奶、雞蛋、豬肉、牛肉、魚等主食，水果、蔬菜、正餐過後的茶和咖啡也成為不可或缺的消遣。據統計，水果和蔬菜的開支為每月十二點五三美元，茶和咖啡的開支每月大約為三點七四美元。

---

13 http://library.duke.edu/digitalcollections/eaa/Subject/Health%20and%20Patent%20Medicines

2　服飾開支

　　一個四口之家的中產階級家庭每年用在服飾上的花費平均為八九三點四四美元，約總開支的百分之十三。服飾消費分為三大部分：妻子的衣服和其他服飾方面的消費（424.83美元），丈夫的服飾消費（237.31美元）和孩子們的服飾消費（231.3美元）。其中，妻子的服飾開支最大，約占家庭服飾消費的百分之四十點五、約占家庭總開支的百分之六點五，成為除房貸、維修費用、家庭的存款和繳納的社會保險之外的第三大家庭支出。中產階級女性的服飾主要包括三大項：正裝、配飾、日常服飾。正裝包括正式的上衣、外套，出席社交場合及赴宴的禮服，應對下午茶等特定社交場合的服飾等等。

　　女性在服飾消費方面的較大支出，在一定程度上反映了女性是當時消費的主力群體，在家庭消費方面擁有較大話語權。此外，女性服飾消費開支之大，也受當時社會發展之影響。一，美國成衣工業的發展不僅豐富了服飾的種類和樣式，同時大生產模式也降低了服飾的價格；二，在廣告宣傳和鼓動下，服飾成為衡量一個人社會地位的象徵，特別是中產階級的女性，同生活在同一社區的鄰居之間的攀比，追求時尚成為他們生活中的一種普遍心態；[14]三，百貨公司的普及。一九二〇年代百貨公司的出現為女性購買服裝提供了便利。在大都市，女性花在逛百貨公司的時間占她們家庭料理以外的大部分時間，為家人和自己挑選物美價廉的衣服也是他們生活的一項任務；四，女權主義的影響。在進步運動的推動下，越來越多的女性開始關注自己的權利、權益，開始重新思考自己的價值，大量女性走出家裡，活躍在各種領域，對受過良好教育的中產階級女性，在公司裡從事打字

---

14 Susan J. Matt, *Keeping Up with the Jones: Envy in American Consumer Society, 1890-1930,* University of Pennsylvania Press, Philadelphia, 1967, p.11.

員,接線員等文書類的工作,走進社會的女性開始關注自己的外在形象,服飾、化妝品等成為女性表達自己的一種外在形式,所以,自我意識的提高也在一定程度上促進了成衣的銷售;五,由於當時社會轉型期的白領女性不具備獨立手工製作衣服技能。在家獨立製作衣服成本不斷提高,大部分中產階級的家庭女性逐步走向購買成衣之路。

總之,女性服飾消費的增多在很大程度上說明了作為妻子的女性走出家門的社會活動逐漸增多,女性自我身分認同和社會化參與性的增強。作為外在區分一個階級標準的服飾,在中產階級家庭是有固定預算和支出。為自己及家人購置服飾,除了滿足基本生活功能外,她們更在意是否能顯示出自己的品味,顯示出家庭的經濟實力,是否和周圍的鄰居保持一致或者是更高出一定的檔次,彰顯出「比鄰居家過的更好」[15],這是刺激她們消費的主要動力。

3 住房消費

在家庭消費開支中,房產的消費是重要組成部分。根據調查,舊金山中產階級家庭大約每年在這方面花費一三四三點三〇美元,占總開支的百分之二十點七。該項花費主要包括五個方面:房貸及利息、房產稅、房屋修繕維護費、保險、花園維護(擁有獨立的花園是美國中產階級家庭住房的標誌之一)等。

4 家庭一般生活開支

根據調查,舊金山中產階級家庭用於維持正常生活的家庭生活性開支,每年的費用大約為九九一點九八美元,占全年總開支的百分之十五點三。這些家庭生活性開支專案包括十多項內容,幾乎涉及到家

---

15 Susan J. Matt, *Keeping Up with the Jones: Envy in American Consumer Society, 1890-1930,* University of Pennsylvania Press, Philadelphia, 1967, p. 20.

庭生活的每個細節問題，像服務性支出（當家庭成員沒有充足的時間去應付家務勞動時，會請一些專業的家政服務人員幫忙）、傢俱及其他家庭裝飾品、水電費、家庭日常用品以及燃料費等等。其中，汽車作為舊金山中產階級的一般性家庭工具，平均每年在燃油、保險、養護等方面的支出大約為三八二點四八美元，占總開支的百分之六。

5　休閒娛樂開支

美國城市中產階級的娛樂休閒開支主要集中在三方面，一是商業性質的娛樂專案，需要支付門票或者其他費用的娛樂專案，包括觀看劇院演出、電影、體育賽事（橄欖球或者是籃球賽事等）。根據調查，舊金山中產階級在此類娛樂專案平均年支出七十六點四〇美元，約占總開支的百分之一點二（這一時期大眾性的娛樂項目票價低廉，如很多廉價的影院被稱為「大眾劇場」，為民眾提供了參與大眾消費娛樂的機會，廉價電影或者是晚場電影一般只需0.15美元左右）；二是隨著汽車在該階級中的普及，外出旅遊成為中產階級全家參與的重要休閒項目，按平均標準計算，此類消費年支出為一百二十五美元，是所有休閒支出中較為重要的休閒項目；三是家庭娛樂設備的購買，在電視沒有普及的年代，收音機成為中產家庭休閒娛樂主要設備。

6　其他開支

除以上幾大類的消費支出，舊金山中產階級在其他零碎消費項目的支出占據很大比重，總開支約為二二二八點〇美元。根據調查，其他類消費活動主要包括包括十四大項三十餘小項，如女士化妝品、社會交際支出、保險以及醫療、社會性交際費用、參加不同性質的俱樂部、宗教性質聚會的支出等等，雖然每項支出在整體上並不占很大份額，但將這些消費項目加總起來卻成為占據整個家庭全年開支的最大

比重。如社交類消費支出每年最少要四百美元左右。這也在一定程度上說明，此時的城市中產階級擅長透過社交活動提升來自己社會身分與地位，並透過社交類消費來「包裝」、「標榜」自己，以得到他人認可和精神方面的滿足。

透過上述對舊金山地區中產階級家庭整體性消費情況的分析可以發現，生活在城市的中產階級消費呈現多元化新特點。這一時期的城市中產階級相較於傳統中產階級而言，具有時代進步性，他們往往受過良好的教育，有較高的綜合素質，對社會的發展、家庭和自身需求有更加明確的認識，而這些特徵在其消費內容和特點方面表現的尤為明顯。

（二）工人階級的消費特徵

較於新興中產階級，數量占多數的工人階級則是工業社會發展進程中的主力軍，他們不僅創造了大量的社會財富，也是不可小覷的龐大消費群體，在商品消費市場發揮著積極的影響作用。

工資水準是決定工人階級消費的主要影響因素。二十世紀初，美國工人階級就業相對穩定，工人工資水準整體上處於一個增長趨勢，工人基本的生活狀況有了較好保障。此外，工人透過加入工會保護自己的合法權利，爭取了更多社會福利。在工人階層和工會的努力下，八小時工作制保障了工人階級更多更充分的時間來提高自己的生活質量和品質。此外，此時期的各種社會福利保障相對完善、工資待遇提高，工人階級的購買力大大增強。這些因素的疊加促使了消費文化在工人階層中的普及，也促使了美國經濟持續、快速的發展。這一時期的工人階級不僅僅是作為生產者創造財富，更作為消費者對社會財富的可持續發展做出自己的貢獻。

分期付款的消費形式在工人階級群體中開始盛行，促進了該階級

的消費動力。與中產階級相比，工人階級在經濟收入和生活的穩定性雖然存在著一定的差異，但分期付款的形式給該階級家庭的帶來很大的便利，大大增加了這一階層的消費能力。比如，透過分期付款的形式，一輛便宜汽車的購買每週只需付五至十二美元，價值二百美元的留聲機每月只需要付大約五美元，[16]除了一些相對昂貴的產品，包括一些相對便宜的服飾、家用電器、生活日常用品、教育用品等也可以透過分期付款的形式獲得。對於部分有消費需求和償還能力的工人階層而言，分期付款幾乎可以覆蓋其生活中大部分的消費需要，甚至像中產階級一樣，每月支付不同種類的帳單成為其生活的主要內容。

不過，工人階級的消費因其自身的階級性而顯示出獨特特徵。一，子女消費提前發生。工人階級家庭的收入來源多元化，除了父母雙方的工資外，未成年子女的零工收入也是家庭消費支出的重要補充，在美國對童工立法之前，工人階級的子女一般都會從事一些增補家用的工作。經濟來源的多元化也決定了其消費的多元化。子女較早的走入社會，對其本身的消費產生了重要的影響。在一般工人階級家庭中，子女的消費是家庭消費中重要的項目，包括其日常的生活消費、社會性的工作消費，娛樂消費。相對於中產階級家庭中的孩子，這個年齡段應該是在學校度過的，教育消費是中產階級子女消費的重要專案，但工人階層特殊的生活條件決定了其子女消費較早的社會性特點。[17]二，相對於中產階級家庭消費的內容，工人階級家庭消費的內容主要傾向於滿足家庭生活的消費，比如食物、住房、服飾等基本

16 Fact for Workers: A Monthly Review of Business, Industry and General Economic Condition From the Point of View of Organized Labor, *The Labor Bureau Economic News Letter*, April 1924, http//memory.loc.gov/ammem/coolhtml/ccpres07.html

17 Donald M. Scoot, ed., *American's Families: A Documentary History*, New York: Harper & Row, 1982, p. 421.

生活消費。一九〇八年九月的工人階級家庭消費內容的調查中，居於消費前五位的消費內容是：食物、房租、服飾、燃料、照明。這些消費內容主要是為了滿足家庭的基本生活所需，消費場所主要在家庭內部，同時這些消費的對象是家庭的全部成員。不過，這些滿足基本生活的消費在很大程度上反映了工人階級生活水準的提高和改善，比如食物消費一項中，肉類、蛋類、水果等搭配比較合理，飲食朝合理化方向發展。房租的提高也在一定程度上反映了工人階級住房條件的改善，家庭成員一般都擁有自己獨立的房間。服飾支出是充分體現了該階層消費的時代性，相比較於傳統的樸素著裝，新時期的工人階級也更注重自己的服飾選擇和搭配，年平均服飾消費幾乎占到了全年消費開支的五分之一，特別是其子女的服飾消費。

工人階級消費雖受到一些客觀條件的限制，但相較於此前，該階級的消費具有新時代的特點，教育消費、文化娛樂支出等新內容的出現就是顯著代表。隨著經濟不斷發展，工作對工人素質有著新的要求，工人也需要不斷提升自己的素質以適應不斷進步的技術要求，在工人階級消費內容中，出現了用於提高自身素質的再教育消費，包括參加一些夜校性質的學校、購買專業的書籍、訂購報紙等，這些提高技術和豐富精神的支出是新時期工人階層消費的重要特徵。

總之，美國社會轉型期的工人階級和城市中產階級的消費行為是城市新消費文化的重要內容，也是這一時期美國新消費文化的主要塑造者。工人階層加入大眾消費群體是美國工業化發展的積極成果，不僅反映出該階級經濟能力的提高，更反應出其生活態度的與時俱進，工人們的消費帶有其本身的客觀特點，更加關注消費的實用性和功能性，在一定超前消費的基礎上，具有更多的合理性因素。

作為一個積極向上發展的階級，工人階級的消費形式深受中產階級和上層階級的影響，在滿足基本消費的前提下，更加注重對生活的

追求，特別是大工業流水線的普及，工人階級的休閒消費需求開始出現，工作以外的放鬆休閒變得必要。強烈的消費渴望是他們努力工作的一種動力，同時也是他們改善生活品質的另一種手段。大眾消費文化的流行恰好符合工人其對該時期美好生活的嚮往，無論是物質生活的改善，還是精神生活的放鬆，大眾消費文化在工人階層中有著強大的根基，大眾消費文化在人數眾多的工人階級中普及也有著深刻的社會意義與文化意義。

（三）農民階級的消費特徵

除生活在城市的中產階級和工人階級外，生活在美國鄉村、數量眾多的農民在社會經濟發展的影響下，生活及消費方式也出現了一系列新變化。為了研究轉型時期農民的生活狀態，農業發展的趨勢，農村的新變化，美國農業部於一九二六年組織了一次全國意義上的農民生活水準大調查，[18]該調查為研究二十世紀二〇年代美國農民的生活狀況及消費狀況提供了較為可信的資料，也為分析轉型時期農民消費文化提供了參考依據。

該調查選取了美國以農業為主的十一個州，分別為美國東北部的康涅狄格州、佛蒙特州、新罕布什爾州、麻塞諸塞州，美國南部肯塔基州、南卡羅來納州、阿拉巴馬州，中西部農業州包括密蘇里州、堪薩斯州、愛荷華州、俄亥俄州。從這十一個州的分布來看，較充分代表了當時仍以農業為主要生產方式的州，能較為全面反映出社會轉型期美國鄉村社會的變化。

---

18 The Farmer's Standard of Living: A Social-Economic Study of 2, 886 White Farm Families of Selected Localities in 11 States. United States Department of Agriculture, Department Bulletin No.1466. Washington. D.C. Issued: November 1926. http://memory.loc.gov/am mem/coolhtml/coolenab.html#dtcredag

　　在對十一個州二八八六戶農民的調查中，每戶每年的平均消費大約為一五九七點五〇美元，其中食包括食物、服飾、各種租金等。在年消費總金額中，二〇年代的農民家庭消費食物仍然占最大的份額，在六五八點八〇美元的食物消費中，二一八點八〇美元是用於購買市場上的食物，也就是說在食物消費中，農場的作物已不能滿足家人的全部需要，對於農場所不能提供的食物，農民不得不從市場上購買，自給自足的生產生活方式。服飾消費因家庭成員的年齡、性別因素而出現差異。在按性別統計中，男性服飾消費少於女性，子女的服飾消費大於家長此類消費。丈夫和妻子的服飾消費差異不大。

　　透過這次調查，可以發現美國鄉村農民在消費方面出現了新的消費類型。除傳統意義上食物、服飾、房產、傢俱等基本生活消費要素外，自我發展類消費專案的開支（年開支約為104.80美元）已經成為農民生活中的不可缺少的一部分，這些新出現消費專案顯現了這一時期農民消費活動的新特點。在該項目的統計中，該項消費被稱為「Advancement」，或者被稱為「個人素質提升類消費」，其主要內容包括正規的教育支出、個人興趣培養類家庭授課支出、參加音樂會、觀看電影、外出旅遊等方面支出，這些消費項目在美國工業化之前的鄉村社會中較少出現。即便對於大部分農場主家庭而言，也缺少此消費。鄉村與外面世界的隔絕也為這些消費帶來了阻隔。隨著美國城市化發展，城鄉發展差異縮小，該項消費項目逐漸增多，並且隨著城市生活方式的影響與農民經濟水準的提升，此項的支出在不斷地增加。

　　另一項相對較新的消費是個人護膚用品及衛生用品的出現。總體上，此類消費包括洗漱用品、護膚品、化妝品、清潔用品等（健康類支出為每年約為61.60美元）。此類項目的消費者主要是女性，家庭主婦（妻子）是類商品的主要購買者和消費者，她們逐漸成為鄉村生活方式改變的主力軍。隨著城鄉交通的便利化，農民有了更多的機會暸

解城市，瞭解城市最新的商品，瞭解城市的最新時尚，對於城市生活的模仿促使著她們進行更多地消費。鄉村農民的自我封閉狀態已經被不斷深入的市場化所打破，城市琳琅滿目的商品也逐漸走入鄉村市場，走入「粗魯的鄉下人」家裡，鄉村的發展逐漸被納入到了整個社會發展的大潮流中。

　　總之，鄉村消費品的內容和形式在不斷豐富。無論是個人消費品需求的增多，還是家庭日常生活用品的豐富，都繁榮著鄉村市場，都改變著農民的傳統生活。當其具備經濟能力時，提高生活水準則是其消費的主要意願和動力。當一部分富農提前進入消費社會後，對於周遭的鄰居影響巨大，該群體引領著鄉村消費生活的潮流及風尚。當越來越多的農民加入鄉村消費大軍時，鄉村農民便多了一個新的身分，他們不僅是農場裡的農民，也成為全國性的新消費者，成為商品經濟的推動者。農民成為新時期的消費者，鄉村成為消費文化的又一陣地，這樣的變化給美國傳統文化注入了新的元素，帶來了新的生機和變化，新消費文化進入鄉村，也是時代對農民生活方式塑造和改變的重要表現，同時也是美國社會轉型的應然結果。

三　轉型期新消費文化的總體性特點

　　新消費文化作為美國二十世紀轉型期的重要特徵之一，是當時社會經濟、文化發展的產物，也反映了當時社會轉型所造成的不同層面的影響。透過分析二十世紀之初美國社會不同階級的消費狀況，我們可以看出，這一時期的社會消費特徵雖然因其社會階層的不同而各具特色，但總體上仍具備一定的共性。

1 大眾參與

作為新消費文化的另一種社會描述，新消費文化又被稱為大眾消費文化。[19]只有擁有社會廣泛的參與，大眾的消費活動才能從整體上影響社會的進程，整個社會的生活方式與文化氛圍。二十世紀初美國新消費文化的重要特徵之一就是大眾參與性，幾乎涉及社會中的大部分群體，強烈的消費意願彌漫於整個社會中，上至總統，下至鄉村農民，都加入到這一社會性的消費之中。因此，作為消費文化的主要特徵之一，這一時期的消費參與群體幾乎包含了社會的各個階層，無論是身處繁華的城市，還是地處相對偏遠的鄉村，都感受到消費給人們生活帶來的變化。雖然廣告業促進了新消費文化的興起，但其並不是強制性消費，而是人民主動的消費活動，是當時人民改善生活、追求美好生活的嚮往。此外，大眾的參與還表現在消費品的大眾性，主要指消費的商品屬性，一般與日常大眾的生活相關的，不脫離現實的基本生活。透過分析這一時期大眾階層消費品的主要內容可以看出，這些商品基本上屬於生活耐用品，家用電器、生活用品、服飾家居等，這些商品大都與人們的生活有關，屬於提高生活水準和品質的必需品。所以，消費的世俗性並不是貶義性，世俗的消費行為也並不是「無深度」的放縱，缺少趣味性，大眾消費的世俗性正是社會新消費文化的表現。

2 新消費文化的理性特徵

透過分析可以得出，十九世紀末二十世紀初的新消費文化是大眾廣泛參與的消費活動的結果，其消費內容也大都與消費者的世俗生活

---

19 Mike Feather Stone, *Consumer Culture and Postmodernism,* 2nd edition, Los Angles: Sage Publications, 2007, p. 25.

相關，屬於提高、改善生活水準的正常消費。這是新時期消費文化同傳統精英炫耀性消費文化的不同之處。這些特徵也決定了新時期的消費文化整體上更具理性。以該時期一次關於女性對廣告的態度調查為例，有百分之六十四的女性承認，家中的新式電器，包括冰箱、洗衣機、吸塵器等電器是自己透過廣告宣傳而購買的，在被問到透過廣告宣傳購買商品時關心最多的問題是什麼時，大部分的女性認為商品的品質、性價比、知名度等是其關注的焦點，而這些焦點在很大程度上反映了大眾消費的理性特徵，理性消費是大眾消費的主要特點，即使面對廣告鋪天蓋地地宣傳也並不盲從，她們往往會根據自己的經濟條件做出適合的消費選擇，所購買的商品也大多與生活相關，而非奢侈品。雖然在此後一段時期內，美國的新消費文化表現出了很大的非理性特徵，但是在十九世紀末、二十世紀初新消費文化剛開始興起的初期，大眾消費的理性特徵整體來說仍大於非理性特徵。

3　中產階級的示範效應

中產階級作為一個中間階層，對社會的影響承上啟下，在塑造整個社會的消費文化方面作用尤為突出。在工業社會的美國，國家提倡的生活標準實際上就是所謂的中產階級的生活標準，合理的家庭結構、積極的消費習慣、良好的教育、文化背景。而這些帶有時代特色生活標準的實現大都需要透過某種形式的消費途徑實現，現代化家庭的佈置充滿了各式的新式商品，和諧、健康的生活習慣亦有賴於不斷的消費。在廣告宣傳上，新中產階級的生活方式是廣告極力宣傳的樣板，是社會效仿的榜樣，廣告樹立了一種新的標準，這種標準成為社會大眾追逐的時尚，對於工人階級、鄉村農民都具有很強的吸引力。在中產階級的帶領下，理想的生活方式逐漸趨同，消費觀念逐漸模式

化，透過不斷的消費來實現這樣一種理想生活，已成為美國幸福生活的標準與目標。

4 精神、文化類消費的提升

新時期的消費文化不僅體現在消費者對物質消費的重視，同時也體現在對提升自身素質與精神文化消費的關注。兩方面的結合，從整體上促進了這一時期人的綜合發展。以城市中產階級為例，當人們不再為基本的生存而發愁的時，人們自然把剩餘的時間和資源投入到其他方面。中產階級對消費選擇亦是如此，當人們能夠滿足衣食住用行等基本要素時，出現富餘的時間和購買能力就會開發出新的消費需求，如果消費市場能同時提供滿足人們新需求的現實條件，如琳琅滿目的商品，豐富多彩的休閒娛樂活動，那麼人們會自覺或不自覺的加入到各式各樣的消費群體，成為某一消費群體中的一員，並樂於其中。中產階級年度消費支出狀況很好的印證了這一點，食物種類的增加，食譜搭配的更加科學、營養；家庭成員服飾開支更加注重衣服的品質、款式、時尚性等，服飾逐漸成為人們社會地位及階級身分的外在標誌；汽車維護保養、燃氣費用、保險等新項目成為生活的必要開支；電影院、娛樂場所、度假勝地、體育館等成為新的消費場所，消費被賦予物質意義之外更多的社會意義。[20]

---

20 Stanley Lebergoot: *Pursuing Happiness: American Consumers in the 20th Century*, New Jersey: Princeton University Press, 1993, p. 130.

第二章
美國現代廣告業的興起

　　十九世紀末至二十世紀初，美國現代媒體業進入快速發展時期，除了報紙、雜誌等傳統媒體，這一時期也出現了許多新興媒體，如廣播、電話、電影、電視等，借助這些媒介，美國現代廣告業實現了快速發展。這一時期的廣告利用豐富多彩的形式，讓人們更深切體會和感知到了廣告強大的宣傳及鼓動作用。廣告不僅帶給人們提供了大量資訊，同時還不遺餘力的宣傳工業化的商品，及這些商品所代表的審美觀、價值觀、消費觀等，總之，廣告正在逐漸影響著人們的消費習慣與生活方式。[1]在新消費文化形成過程中，繁榮的經濟、富足的商品、多元的支付方式等是重要的社會基礎和促成因素，但廣告的宣傳和鼓動無疑成為這一新消費文化產生的重要「助推劑」。廣告以其獨有的影響力重新塑造了人們的消費意願，使人們逐漸接受新的消費習慣與生活方式，並改變著美國人的性格和文化。

一　美國現代廣告業的發展歷程

　　廣告是人類經濟生活的產物，並隨著現代經濟社會的發展逐步走向正規化和產業化。作為一種古老的促銷工具，廣告最早是隨著商品交換而產生的，小販的叫賣聲、路邊牆壁和大樹上黏貼的圖文商品資訊，以及報刊上呈現的商品、貨物資訊介紹等，都是早期廣告的常見

1　Colin Campbell, *The Romantic Ethic and the Spirit of Modern Consumerism*, Oxford: Basil Blackwell, 1987, pp. 56-63.

形式。在前工業時代，在經濟實現現代化之前，早期廣告不僅形式簡單，而且沒有專業的廣告創意人員和經營商運作，形式較為隨意，並沒有形成完整的產業鏈。十九世紀末二十世紀初，隨著美國經濟社會的發展，尤其是在市場經濟的刺激下，廣告不斷朝著產業化、正規化的方向發展，成為一個有著極大市場需求的新興行業，現代廣告業逐漸成型。在這一進程中，現代廣告成為一個廣告從業者的專職事業，由專業人員策畫和經營，以盈利為主要目的。廣告借助於大眾媒體，如報紙、期刊、廣播等，將商品資訊傳輸給社會，盡可能的實現廣告客戶的市場需求，並積極創造消費者對特定商品的消費意願，說服潛在顧客成為真正的消費者。

宏觀來講，美國現代廣告業是伴隨著十九世紀末工業化、城市化進程而興起的。尤其是經過內戰後的快速發展期，大規模的工業化生產導致商品極大豐富，出現了供大於求的現象，企業家需要將自己的產品銷售出去，在這樣的時代背景下，美國的現代廣告業，這一能促進市場銷售、帶動社會消費的行業就應時而生了。美國現代廣告業最初發軔於新聞報紙行業。一七〇四年美洲大陸出現了第一家新聞報紙——《波斯頓新聞信》[2]，當時的報紙針對的不是社會普通大眾，新聞媒介主要的任務是服務於少數的精英階層，服務於政治需求，因此早期的報紙又被稱為「政黨報刊」。[3]此類報刊受眾有限，內容單調，政治新聞之外的內容很少見於版面，報紙版面的設計也毫無新奇

2　一七〇四年四月，殖民者在北美大陸創立了第一份報紙《波斯頓新聞信》（*Boston News-letter*），被認為是美洲大陸的第一家正式的新聞報刊，但是發行量非常的少，訂閱客戶主要是英國政府。其內容主要是英國的一些政治事件，同時也刊登關於歐洲戰爭的消息。作為當時殖民地唯一的一份報紙，也經常發布殖民地的一些奇聞軼事，由約翰・坎貝爾（John Campbell）創辦。

3　J. Herbert Altschull, *Agents of Power: The Role of the News Media in Human Affairs*, New York: Longman Inc, 1984, p. 60.

之技巧，語言也較為樸素，這主要受當時社會主流的清教思想影響。人們閱讀報紙的主要目的在於瞭解發生在他們周遭的事件，而不是出於某種功利主義的商業目的，除了偶爾的婚喪嫁娶的民間新聞外，關於商品買賣的廣告極其少見，所以，在報紙大眾化之前，廣告並沒有形成一定的規模和效益，人們對於廣告的概念還較為模糊，這種樸素的概念也造成人們對廣告社會作用的忽視。

　　人們對廣告的態度是在報紙實現大眾化生產和銷售後逐漸改變的，報紙行業的大眾化，使更多群體有機會接觸到報紙，接觸到報紙中包含的廣告。十九世紀末，美國的蒸汽印刷技術不斷提升，印刷成本急劇下降，報紙實現了大規模的生產，報紙的種類也急劇增加，價格也不斷降低。一八二〇年，美國出版了大約五百一十二種報紙，到一八八〇年左右，美國本土的報紙種類達到七千家，一八九〇年前後，報紙種類多達一萬兩千家。《太陽報》是美國歷史上第一家成功的廉價報紙，[4]由本傑明・戴於一八三三年在紐約創辦，該報紙的口號是「照耀所有人」，該報售價僅一美分。此類報紙因為價格較低，通常被稱為「便士報」，「便士報」的出現標誌美國大眾傳媒的誕生。[5]便士報的最大社會功效和意義就在於報紙不再依靠徵訂收入為生，即報刊的收入不再依靠發行量，買報人不再需要支付報紙的全部成本，廣告業逐步成為報紙收入的主要來源。報紙和廣告的聯合，不僅使報紙獲取了大量利潤，同時也加速了廣告的發展。據統計，美國商業化的日報數量從一八八〇年到一九〇〇年，報紙的發行量則增長了

4　《太陽報》並不是美國歷史上第一家廉價報紙，但卻是第一家成功的廉價報紙，因此，通常將其稱為美國歷史上廉價商業報刊誕生的標誌。

5　聶曉梅：〈大國崛起的映射：美國一八六〇―一九二〇年代的廣告產業發展綜述〉，《現代廣告（學術刊）》，2019年第6期，頁4-10。

百分之二百二十二，[6]一八八○年至一九○○年間，美國報紙訂戶從占全國成年人口的十上升到百分之二十六，[7]如此龐大的徵訂群體自然受到商品生產商和銷售商的重視。一八九○年，在報紙收入中，來源於廣告的收入已占總收入的百分之四十四，到一九○○年，這一占比上升到百分之五十五。[8]在以盈利為主要目的的報刊媒體經營過程中，廣告成為主要依靠，在報紙和廣告的相互促進下，廣告的巨大經濟和社會功效也慢慢被更多的商家和消費者所熟知、認可、接受。

隨著廣告被製造商、銷售商所普遍重視，廣告業也逐漸朝著專業化和規模化的方向發展，這主要體現在從業人數的增加和素質的提高、經營方式的專業、行業監管的嚴格等。從業人員的增加和素質的提高。一八四一年厄爾尼・帕爾默成為美國第一個媒體經紀人，開始從事廣告服務。[9]當時媒體經紀人的主要業務是和新聞報刊合作，經紀人同報紙擁有者簽訂合同，買斷其某一版面，然後再轉手賣給想做廣告的客戶。這就意味著，當時的經紀人的主要服務對象並不是廣告客戶，而是報紙類媒體。儘管其服務主體不是廣告客戶，但這對於報刊和一些出版物而言仍不失為一個巨大進步，即廣告開始出現在媒體

6　邁克爾・埃默里等：《美國新聞史：大眾傳播媒介解釋史》（北京市：新華出版社，2001年第8版），頁190。

7　（美）愛德溫・埃默里，邁克爾・埃默里著、蘇金琥等譯：《美國新聞史》（北京市：新華出版社，1982年），頁279；肖華鋒：〈論美國報刊媒體的大眾化1865-1914〉，《史學月刊》2002年第11期，頁54-61。

8　Micheal Schudson, *Discovering the News: A Social History of American Newspapers*, New York: Basic Books, Inc, 1978, p. 93.

9　帕爾默是美國第一位廣告代理商，最初是為各類報紙拉廣告起家。一八四一年建立自己正式的廣告代理業務，一八四五年在波斯頓建立自己的第一個分公司，並先後在賓夕法尼亞州、馬里蘭州、新澤西州等建立自己的分公司，一八七七年被更為專業化的艾耶父子公司兼併。對於早期的廣告代理，帕爾默還說明客戶分析目標市場，提供專業的市場調查等，這一切都為以後的正規的廣告代理公司奠定了基礎。

上，媒體也開始成為一種宣傳載體。厄爾尼・帕爾默的運轉模式是美
國廣告業開始正規化的一次重要嘗試和轉機。帕爾默之後，美國現代
廣告業朝著科學化、正規化方向發展，在經歷過曲折、艱辛探索後，
廣告業從一個不被社會所重視的行業，逐步發展為一個在美國經濟運
行中起舉足輕重的行業。除了上述的帕爾默外，普利策、喬治・羅威
爾、艾耶父子等對廣告的發展和規範也做出了重要貢獻。

　　十九世紀七〇年代初，約瑟夫・普利策針對廣告隨意定價和欺騙
性的宣傳弊端做了一系列創新變革。首先，明確規定報紙與廣告的關
係，其次，規定了廣告的固定價格，最後，豐富廣告的形式，允許廣
告插圖出現，並擴大了廣告的版面。這些帶有規範性質的措施促進了
廣告行業的健康、自律發展，拓展了廣告的發展規模，因此被廣告業
稱為「巨大的進展」。[10]普利策之後，喬治・羅威爾、艾耶父子、羅
德・湯瑪斯等先後出版了《美國報紙導讀》以及報紙年鑒等，都在探
索如何使廣告的發展更加規範。如，一八七五年，艾耶父子廣告公司
把該廣告公司的傭金價格固定下來，規定傭金占報紙出版發行價格的
百分之十五，使得廣告客戶可以從廣告公司和出版商獲取全部的回
扣，這標誌著「定做廣告」的開端，代理商們有充分的動力去提升廣
告客戶的產品銷量，報紙版面變成了市場上普通的商品。這樣，艾耶
父子公司把廣告徹底變成了一樁生意，由市場決定的生意。其「公開
合約系統」迫使廣告業朝著科學性、專業性、合法性的方向發展。[11]
艾耶對廣告的貢獻得到了前總統塔夫脫的讚譽。報紙和廣告關係的穩

10　（美）邁克爾・舒登森著，何穎怡譯：《探索新聞》（臺北市：遠流出版事業股份有
　　限公司，1993年版），頁95；張健：〈從「尷尬的親戚」到「高高在上的主人」一進
　　步主義時代美國廣告業與報刊社會關係的再構建〉，《新聞大學》2010年第2期，頁
　　104-109。

11　傑克遜・李爾斯著、任海龍譯：《豐裕的寓言：美國廣告文化史》（上海市：上海人
　　民出版社，2005年版），頁61。

定，不僅促進了報紙的盈利，同時也刺激了廣告的普遍發展，在某種
程度上，報紙發行量越高，廣告的覆蓋範圍就越廣，其影響就越大。
報紙因廣告的投入更加商業化，經營廣告開始成為報業發展中的重要
環節，兩者相互促進，實現了良性互動的發展。

　　二十世紀初，廣告代理公司已經基本上實現了商業化和現代經營
方式，在規模、數量、服務上都有了質的發展，其能提供的服務包括
策畫、市場調查、製作和發布廣告等。廣告公司的專業化得到了社會
的廣泛好評，得到生產商、銷售商的極大重視，並成為市場經濟運行
中不可或缺的一環。同時，廣告公司的利潤也實現了飛速的增長，廣
告的收入成為報紙和期刊收入的重要來源，那種依靠報紙徵訂收入的
模式變成了主要依靠廣告收入，報紙同廣告的關係也發生了變化，廣
告成為報紙所依賴的雇主。一八八九年占比為百分之四十九點六，到
一八九九年廣告收入占報紙期刊收入的百分之五十四點五，到一九〇
九年這一比例變為百分之六十點〇，一九二九年上升百分之七十點
九，[12]廣告成為報紙收入的最主要來源。沒有報紙不登廣告成為二十世
紀初美國新聞報紙業的基本事實，廣告成為社會新的寵兒。這一時期
最有盛名的廣告公司主要有艾耶父子公司、沃爾特‧湯普森公司等。

　　在廣告產業逐漸成熟發展的過程中，其行業本身的管理也隨著廣
告業規模和實力的不斷增大而逐漸嚴格、完善。廣告管理在美國是逐
漸完善的，在一定程度上，這一完善過程也是廣告業不斷解決自身問
題的過程。美國複雜管理廣告的主要機構有聯邦貿易委員會（FTC）、
聯邦通訊委員會（FCC）、美國食品藥品管理局（FDA）等。此外，旨
在消除社會弊端的進步運動[13]對推動美國廣告的管理也起到了積極的促

---

12 轉引自：張健：〈從「尷尬的親戚」到「高高在上的主人」一進步主義時代美國廣
　　告業與報刊社會關係的再構建〉，《新聞大學》2010年第2期，頁104-109。

13 學界一般把一九〇〇年至一九一七年間美國所發生的政治、經濟和社會改革運動統

進作用，其中有些機構的建立就是進步運動本身的結果，如美國食品
藥品管理局對虛假廣告的揭露，對食品、藥品的監管等。在美國，對
廣告業的監督不僅是一個商業問題，更是一個有著廣泛訴求的社會問
題，關係到國計民生。對廣告的管理也牽扯到美國法律的不斷完善。
如聯邦貿易委員會（FTC）對不法商業廣告的分類就非常的明細，包
括不實及欺詐性廣告、不正當廣告、吹噓廣告、誘餌廣告、虛假不實
的推薦或證言廣告、保證廣告，另外還有一些明令限制的廣告，如香
煙廣告、信用消費廣告等。總之，國家對每一種類型的廣告都有嚴格
的規定，這些規定整體上有利於解決因不當、不法廣告而出現的糾紛
問題。此外，美國對虛假廣告的處罰也十分嚴厲，這就使一些廣告公
司有意識的規範自己的廣告，以避免巨額罰單。[14]隨著美國人消費意
識的增強，消費經驗的增多，越來越多的人可以依靠法律來維護自己
的消費權益，特別是因虛假廣告而造成的人身和精神損失，這在客觀
上也促進了廣告行業的自律發展。

　　美國廣告行業協會自發組建的各類公益性組織也是美國現代廣告
業自我規範、自律發展的一個縮影。在美國歷史上，最早的廣告組織
是一八九四年在芝加哥成立的阿爾伯特俱樂部，該組織旨在協調廣告
公司的經營業務，如規範廣告和報紙的關係，協調廣告的價格等。此
後，一八九六年斯芬克斯俱樂部在紐約成立，後者是一個全國性的廣
告組織，其宗旨是「更清楚地瞭解廣告問題，更好的發展廣告」，同
時該組織也提出了「誠信廣告」的口號，使廣告更具真實性，糾正了

<hr>

稱進步運動。在性質上，進步運動是以中產階級為主體、有社會各階層參與的資產
階級改革運動，目的在於消除美國從「自由」資本主義過渡到壟斷資本主義所引起
的種種社會弊端，重建社會價值體系和經濟秩序。

14 白路、李翠蓮、白顯月：〈從三大案例看美國對虛假廣告的監管〉，《廣告人》2005
年第12期，頁117-118。

該行業內的一些虛假廣告現象，該組織的發展促進了美國現代廣告業的良性競爭和發展。二十世紀初，美國地方性的廣告組織紛紛成立，一九一七年美國廣告代理商協會（4A）成立，該協會制定了統一的廣告規格標準，使廣告業走向標準化。

隨著社會的發展和變化，商品的行銷方式隨著消費者對商品的需求變化而逐漸發生著改變。在廣告業興起的最初年代，廣告處於自己樸素的年代，對商品的行銷主要以描述性的告白方式為主，介紹商品的特徵和使用方法等，這種方式同當時人們的心理特徵、消費習慣有關。隨著社會商品的增多，人們消費經驗的增多，簡單的廣告形式已經滿足不了人們對於商品需求的興趣，此外廣告商之間的競爭也促進了廣告形式的多樣化，這些變化對廣告策畫的要求也逐漸提高，這主要體現在廣告內容、樣式、版面設計等方面，對從業者的專業技術要求也較高，此外，煽情方式的廣告語言被普遍採用，消費成為一種有感情的行為，感性訴求成為廣告宣傳的一種方向。

在二十世紀初的廣告發展中，廣告利用其塑造的視覺圖像等方式賦予每一種商品以特殊的符號，商品有了自己特定的社會形象。人們選購商品時，對其象徵意義格外重視，以符號元素為主題的廣告設計成為廣告業的主流，在此影響下，人們對商品自然屬性的消費注意力逐漸轉移到對商品符號、象徵意義的消費層面，消費成為一種超越其本身的符號消費。在這些符號背後，廣告受眾達成了心理上的共識，而這些符號本身也是廣告在宣傳中所創造的。廣告在宣傳方式上的革命對於消費本身的意義昇華起到了重要的影響作用。在宣傳內容上，廣告透過煽動性的語言，不斷向消費者暗示消費行為的社會意義，向消費者傳遞一種體現社會身分和消費階級差別的意識，這種意識的反映與現實的生活環境息息相關。透過廣告的意識灌輸，消費者試圖透過消費特定商品（或某一特定品牌），實現廣告商品中展示的生活。

所以在新的廣告宣傳、行銷方式影響下，廣告也不再是之前簡單的
「推銷」商品，消費者對消費本身的期望已經超越了普通商品本身的
屬性，商品與之匹配的符號價值形成了一種新的文化體系，而廣告則
成為這種新文化體系的重要推動者。總之，作為一種藝術的表達形
式，廣告不斷豐富著人們的社會生活，並以不同的形式悄然影響著鄉
村、城市中人們的生活。

二　面向鄉村的廣告

　　鄉村和城鎮是美國歷史、文化、政治的發源之地，「鄉鎮精神」
和「鄉鎮情懷」不僅僅是一種自治理念，更是鄉鎮田園生活、美好道
德情操的象徵。這種帶有理想主義的道德情懷是農業經濟社會的產
物，也是自給自足社會的產物。這種精神和當時美國社會清教主義精
神是相呼應的，有著內在的聯繫。它提倡的是一種勤儉節約、積極向
上、樂觀進取的精神，是當時「美國夢」的實質所在。[15]這種帶有理
想主義情懷的精神在工業革命進程中經受著巨大的衝擊和考驗。首
先，在商品經濟的衝擊下，鄉村之間的相對孤立狀態正在被市場所打
破，自給自足的經濟逐漸被市場所滲透，農民的日常生活也日益被城
市裡的商品所改變。在鄉村、城市一體化發展的緩慢進程中，即十九
世紀末到二十世紀二〇年代，儘管人口向城市流動的趨勢未變，但仍
有多數美國人生活在鄉村，如何讓生活在鄉村世界裡的眾多人口成為
城市商品的購買者、消費者，成為城市消費的重要補充，如何叩開鄉
村市場的大門，商家們費盡心機，思索著出路。在尋求開拓鄉村市場

---

15 Henry Nash Smith, *Virgin Land: The American West as Symbol and Myth,* Massachusetts: Harvard University Press, 1974, p. 141.

的活動中，商品郵遞手冊成為面向鄉村進行廣告選場的一種有力促銷方式，並產生了良好的商業、社會效果。

在很大程度上，鄉村商品郵遞手冊是借助於美國交通系統、郵遞系統的發展而興起的，以發達的交通為依託，透過郵遞手冊，商家將商品資訊傳到遠離城市的千家萬戶中，成為擴張鄉村市場、引領鄉村商品消費的重要工具。美國的郵遞服務大約建立於一七七五年的大陸會議期間，本傑明·佛蘭克林被任命為首位郵政局長，一七九二年建立郵政部門。在最初的郵政系統內，郵遞員主要駕駛馬車或騎自行車運送信件、貨物，效率比較低下，且業務主要在經濟較發達的城鎮內開展。雖然最初的郵政業務存在一定的局限性，但仍受到社會的歡迎。如在一八四〇年左右，美國一千名白人中大約有二千九百封信件和二千七百份報紙，郵件和報紙的增長速度在很大程度上已經超過了當時人口的增長速度。二十世紀初，隨著火車、汽車在美國社會的逐漸普及，郵遞業務實現了快速發展，尤其是郵遞汽車的廣泛使用，大大提高了郵遞的效率，開拓了新的市場。其中，服務於鄉村的郵遞業務也得到了較大發展。

圖一　一九○六年美國郵政系統使用的汽車。[16]

　　一八九○年至一九一○年，美國政府逐步建立了免費的鄉村郵遞業務。鄉村免費郵遞業務的建立，打開了鄉村和城市之間交流的視窗，在支撐鄉村郵遞業務中，數量眾多的鄉村推銷員起著重要的作用。鄉村推銷員大多來自城市，他們服務於某一商業公司，他們隨著鄉村郵遞業務進入較為封閉的鄉村，將琳琅滿目的商品資訊熱情推銷給渴望改變生活的村民。從此，鄉村的寧靜生活被一批又一批的鄉村推銷員、購物公司的代理商所「占領」，一件件商品從工廠流向了農村，並開始改變農民的日常生活。

16 圖片來自網路：http//www.360doc.cn/mip/822547024.html

　　最初，由於鄉村居住分散、交通不暢，資訊很難大規模的集中傳達，報紙的派送也受到多方面的限制，要想在鄉村成功的推銷自己的商品，對生產商來說是個巨大的考驗，此時，活躍於鄉村的代理商和推銷員被市場所關注，他們利用鄉村代理商、推銷員同鄉村的天然聯繫，使之成為商品推廣和宣傳的主力軍，成為溝通城鄉的橋樑。最初流行於鄉村的是大批來自城市商品的代理商，他們一方面收購農產品，一方面把城市的商品賣給足不出戶的老鄉，他們被稱為鄉村叫賣者（town-crier），他們奔走在鄉村的大街小巷，並同當地的農民建立了相互的信任。隨著他們兜售商品的增多，一些公司開始雇傭他們作為自己商品的代理商，出售自己的商品，並從中分給他們一定的利潤。為了開拓市場、賺取更多利潤，推銷員與農民之間相互信任的關係至關重要，特別是要讓農民透過郵購目錄中的圖片去相信那些自己從沒見過的商品實屬不易。比如，沃德公司透過同農民運動格蘭奇社建立良好的關係，並透過合作的形式雙方來爭取農民的信任。推銷員之外，公司業務成功的重要因素還包括合理的價格、優質的商品品質、良好的售後等。此外，西爾斯公司還透過提供「不滿意退貨」的促銷方式，解決了鄉村農民的後顧之憂，並把經理們的圖像印在商品百科全書上，取得那些生活在偏遠鄉村農民的信任。

　　總之，在鄉村郵遞業務最初的操作中，雙方的信任最為關鍵。鄉村推銷員帶著自己公司的商品目錄游走於各個鄉村，或免費贈送或有償出售（一般價格較低），向鄉民介紹其代理公司的產品，通常他們會隨身攜帶試用品或模型，供鄉民使用或參考。當雙方有一定意向後，鄉民會透過鄉村郵遞業務向公司直接徵訂，然後透過郵局付款和接受貨物。因此，在此過程中，鄉民對某商品的接受與否很大程度上取決於對推銷員的信任。所以，當時的推銷員一般有固定的銷售市場，甚至常年居於某地，同當地人建立了較好的信任關係。在尚未完

全城市化、工業化的鄉村，信任的人際關係是銷售商品的重要前提和
保障。

對這些提供郵購生意的公司來說，除了鄉村推銷員的鼓動宣傳
外，還需要製作精美的商品目錄。在很大程度上，成功的商品目錄往
往決定了商品對鄉村消費者的吸引力。一般的商品目錄包括商品基本
資訊介紹、使用方法、售後服務等。此類目錄內容豐富、製作精美，
內附精美圖片、著名代言人物的照片等。這種喜聞樂見的郵購目錄如
城市百貨公司的櫥窗和商品展示櫃檯一般，等待著消費者的挑選。在
當時，此類商品目錄所起的作用遠遠超過了它本身的商業作用，它們
就像是來自新鮮世界的使者，給孤獨的鄉村生活帶來了新氣息。鄉村
農民對於郵購目錄的熱情，也真實的反映了人們改善生活的強烈渴
望，同時也反映了他們不斷提升的購買力。

下圖（圖二至圖四）為該時期鄉村郵購目錄中有關女性服飾的圖
片。早期的郵購目錄中，為了吸引顧客的購買興趣，銷售商會為每件
商品附上詳細的圖片介紹，並為每種商品標注明確的價格，這在一定
程度上也能避免因討價還價而帶來的麻煩、爭執。隨著覆蓋農村免費
郵遞業務的建立和發展，商品郵購業務逐漸壯大，業務量異常繁忙，
大量的包裹從城市匯到鄉村，城市、鄉村建立了緊密的聯繫，鄉村成
為城市商品銷售的重要陣地。生活在鄉村的農民，因消費城市的商
品，也無形中同城市消費者建立了某種聯繫，即因為使用相同的商
品，共同成為社會的消費群體，一種新的聯繫紐帶正在形成。以美國
郵購業務的巨頭西爾斯的發展為例，該公司主要依靠郵購目錄擴大自
己的商品影響力和市場占有率，從一九〇〇年到一九二九年，該公司
的商品目錄冊數從四十二點五萬冊增加到七一五點一萬冊，[17]幾乎遍

---

17 National Advertising Records. Jan. Issue for successive years, 1930

布美國各地，無論是繁華的都市還是偏遠的鄉村，擁有該公司的商品
目錄是一種時尚的象徵。在美國郵購業務飛速發展的帶動下，郵購目
錄在消費者和生產商中間架起了一座無形的橋樑，同時也創造了消費
者的消費意願，不斷更新的商品目錄激勵著人們不斷的消費。

圖二（上左）、圖三（上右）　美國鄉村的郵購目錄[18]

18　圖片來源：http://library.duke.edu/digitalcollections/eaa_A0205/

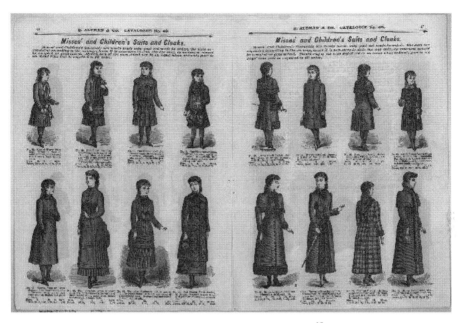

圖三 美國鄉村的郵購目錄[19]

　　除了這些生活服飾外，農民透過豐富多彩的郵購目錄也開始接觸到一些大件商品的廣告，比如最新的耕犁、新式的機器、新款的傢俱等，這些帶有生產工具性質的大件商品促進了農業生產效率的提高，非常受經銷商和農民的青睞。此外，農民被目錄上的一些旨在提高生活水準的商品誘人宣傳所吸引，對新式的傢俱、電器等也產生了興趣，他們想透過購買這樣一些原來屬於上層人士的擺設，改變自己的形象，提升自己在鄰里之間的形象、地位，這種虛榮感的培育也可能是這種商品目錄起的客觀作用。在商品郵購目錄出現之前，新款傢俱在當時的鄉村並不普及，即使一般的農場主家庭擺設也非常簡單。而對於一些有錢的權貴人士，他們考究的傢俱一般來自英國本土。伴隨

---

19 圖片來源：http://library.duke.edu/digitalcollections/eaa_A0205/

著美國國力強大、工業化發展，製造業基本實現了本土生產，這時期出現在郵購目錄中的商品幾乎都是美國本土生產，且價格相對低廉，為在農村地區普及提供了現實基礎。農村的消費者能接受這些商品，也說明當時的一些農民確實具備了一定的經濟能力，負擔得起這些花費；同時在觀念上，他們也逐漸接受了這些滿足必要生活之外的開支，說明他們在觀念上已發生了一些微妙的變化。無形中，自給自足的農民同市場發生了聯繫，不再是與世隔絕的「鄉巴佬」，他們透過這些購買、消費商品提高自己的生活品質，同時，不斷增多的消費活動也在漸漸地改變著他們對商品和消費本身的態度。

除了各式各樣的郵購業務，一些專門面向鄉村發行的雜誌、刊物也是引導其積極消費的重要參考。從全國範圍上而言，面向鄉村的雜誌主要代表是《鄉村紳士》（*The Country Gentleman*）。一九二六年，該雜誌面向美國鄉村單月的發行量大約為一一〇萬冊，其訂閱價格為五美分一期。[20]該雜誌一期的頁碼數大約為二百多頁，信息量非常之大，商品包括最新款收音機、音樂播放機、柯達相機、別克的最新款汽車、治療某些疾病的藥品、養殖的家禽食料等，大件的工業設備，如麵包烘焙機、小麥磨麵機等也出現在該廣告中，得益於此類廣告的宣傳，農民的生產生活知識也得到提升。

---

20 《鄉村紳士》雜誌於一八三一年創刊於羅切斯特，主要面向美國鄉村，到一九五五年是美國第二大鄉村最受歡迎的雜誌，發行量為2870380本，一九五五年被《農場期刊》（*Farm Journal*）收購。http://memory.loc. govcgi-binampagecollId=amrlgs&fileName=cg1page.db&recNum=67。

圖五（上左）、圖六（上右）　《鄉村紳士》雜誌上刊登的汽車和收
音機廣告[21]

　　在眾多的廣告中，也有一些在宣傳推廣新生產和生活方式。比如
在一則介紹「未來農業大學」的科普性廣告中，有關部門透過廣告號
召農民們多學習新的科學知識，採用科技的方式經營農場，類似這些
關於生產、生活知識科普的文章在該期刊中每期都會有固定的專欄，
為農民提供耕作的新方法、新農藥、化肥等新的生產知識，這類科普
資訊在農民中很受歡迎。現代廣告業在鄉村的業務逐漸增長、宣傳形
式越發多樣化，廣告以其獨特的吸引力影響著廣大相對孤立農民的消
費活動，創造了鄉村新的消費群體並悄然改變著鄉村的面貌、景觀。

21　圖片來源：http://memory.loc.gov/cgi-bin/ampage?collId=amrlgs&fileName=cg1page.db
　　&recNum=69

「有些人把大的郵購目錄稱作美國第一本具有特色的書。」[22]這說明在當時的美國，特別是鄉村，這種喜聞樂見的郵購目錄所起的作用遠遠超過了它本身的商業作用，有人把它比作新生活的《聖經》，這在實用主義流行的美國是正常的，目錄不僅代表了現實生活的最新需求，也代表了農民對美好生活的期盼。遠離城市的鄉村農民，透過這些目錄、透過一個個郵購包裹，切實感受到社會的發展、體驗到新生活的便利。

三 城市裡迷人的廣告

十九世紀末二十世紀初，城市化成為美國社會的發展趨勢，越來越多的人口流入城市。據統計，一八六〇年美國城市人口只占總人口的百分之十九點八；一九〇〇年則上升到百分之三十九點六；到一九二〇年，超過農業人口，且占比升至百分之五十一點九。[23]城市人口的集中在很大程度上利於報刊等廣告形式的宣傳。總的來說，城市裡的消費者包括收入較高的中產階級和大量脫離糊口農業、湧入城市的工人群體，兩類人群在消費習慣上的不同大大刺激了城市消費的多樣性。城市是一個產業鏈式的社會，吃喝住用行等基本生活需求都要透過不同方式的購買來實現，日常生活就如同一個環環相扣的消費大市場，到處充斥著商品，任何種類的商品競爭都需要倚賴廣告的宣傳。廣告把商品和消費者連接起來，告訴消費者要如何消費、如何生活，同時，廣告在於消費者互動的過程中，成為美好城市生活的最好的宣

---

22 （美）丹尼爾‧J‧布爾斯廷著、謝延光譯：《美國人——民主的歷程》（上海市：譯文出版社，2009年），頁158。

23 肖華鋒：〈論美國報刊媒體的大眾化1865-1914〉，《史學月刊》2002年第11期，頁54-61。

傳者、造勢者。不過，由於城市人口來源複雜，其需求意願也存在較大差異，對企業和商家來說，透過光改說服或誘使更多的消費者購買自己商品的，成為他們必要的宣傳手段。與面向鄉村的廣告相比，城市的廣告更加多姿多彩，讓人眼花繚亂。

依靠廣告的宣傳，城市消費者得以較為便捷地接觸到生活所需各種物品的廣告，並且逐漸成為某一特定品牌的消費者。隨著商品種類的增多，幾乎每個階層、每個群體的消費者都能透過廣告找到適合自己的消費品牌，根據威斯康辛州密爾沃基市一九二四至一九三〇年家庭消費品使用情況調查，可以對較充分地瞭解消費者對商品品牌的倚賴。[24]該調查是對市區百分之三十的家庭，大約為五千個家庭樣本，抽樣調查的內容是統計每個家庭中品牌商品的數量。調查中一共抽取了三十八個大類商品，其中包括食物、日用品、牛奶、茶葉、牙膏、殺蟲劑、汽車、洗衣機等商品。其中僅早餐一類，在一九二四年被調查家庭中，一共有四十三個品牌的食物，一九二七年該商品的品牌數量增加到六十一種，一九三〇年則為八十七種；咖啡和茶作為人們主要的休閒飲品在新時期受到人們的普遍喜愛，到一九三〇年，被調查家庭中出現了七十種不同品牌的茶類商品，一〇一種咖啡商品；以香皂、牙膏、護膚品為代表的日常洗漱類商品也在普通家庭中日益普及，僅香皂在一九二四年就有九十四個品牌；針對女士的洗面乳和護膚品從一九二五年的四十二種增加到一九二七年的六十八種；伴隨著汽車的普及，汽車相關產品的開發也逐漸成為日常消費品之一，汽車輪胎、汽油、潤滑油等也出現了多種不同品牌。根據對消費者的調查，他們在選擇商品品牌過程中，廣告宣傳發揮著重要的參考作用。

城市具體的廣告形式包括報紙、期刊、雜誌和戶外廣告等，它們

---

24 Consumer Analysis, annual reports, *Milwaukee Journal,* 1924-1930. 資料來源：http://hdl.loc.gov/loc.gdc。

之間互為補充，共同構成了城市廣告景觀。報紙和雜誌等平面媒體廣告是城市廣告的主要載體，憑藉其靈活和實用的特徵，深受消費者歡迎。在一八八五至一九二九這將近四五十年的時間中，出現了很多知名的廣告公司和廣告媒體雜誌，他們成為整個行業的推進者。其中有一批著名的雜誌期刊，它們在消費者心目中有著較高知名度，並形成來一定忠實的品牌認同度，有著穩定的發行量。比如《油墨》（*Printer's Ink*）、《女性之家》（*Ladies' Home Journal*）、《星期六晚報》（*Saturday Evening Post*）、《青年伴侶》（*Youth's Companion*）、《美國週刊》（*American Weekly*）、《哈勃週刊》（*Harper's Weekly*）、《時尚》（*Vogue*）、《紐約時報》（*New York Times*）等，這些雜誌和新聞報紙刊登的廣告在當時消費者心目中具有很強的影響力，特別是一些專業性質很強的期刊，比如《女性之家》。該期刊主要針對廣大女性發行，上面刊登的廣告包括化妝品、家用物品、清潔用品、洗衣片等，對家庭主婦有著很強的吸引力，當時龐氏的廣告主要就是在該雜誌上刊登。針對男性的商品廣告，比如香煙廣告、農具廣告、家用電器廣告等，主要投放在一些新聞類的週刊上，這也是根據男性經常關注、閱讀新聞類報紙的習慣而投放的，這也說明了廣告公司前期細緻的市場分析和投放廣告的精準定位。

為了吸引消費者注意，廣告公司運用了各種手段技巧。在經歷了早期那段枯燥介紹產品性能、使用方法等樸素、簡易手段後，廣告公司開始變換行銷手段，如透過增加版面內容、豐富版面形式，並大量運用彩色插圖和照片，特別是為了吸引消費者的關注與購買，大量的廣告開始邀請一些時尚名人或者是某個領域權威的人士代言廣告，讓某種商品和某位名人聯繫在一起，透過這種形式，一是可以達到擴大商品的知名度和關注度，二是使該商品和名人受歡迎、積極的形象聯繫在一起，塑造一種良好的品牌形象。

圖七（上左）、圖八（上右）　《紐約時報》為龐氏的化妝品做
的廣告宣傳[25]

　　如上圖所示，這兩幅圖是《紐約時報》為龐氏的化妝品做的廣告
宣傳，一位是當時著名的貴婦理查・范德比爾特（左圖），另一位是當
時著名的社會交際明星茱莉亞・霍伊特（右圖），兩位女性不僅擁有美
麗的外表和高貴的氣質，而且有著良好的社會形象，深受大眾喜歡。
龐氏聘請明星作為自己產品的代言人，塑造了良好的產品形象，更易
於讓女性消費者接受，明星強大的號召力也有利的帶動了商品的銷售。

　　在城市，除了每天刊登在報紙或雜誌上的廣告，戶外廣告也是一

25 《紐約時報》（New York Times）是一九八一年在美國紐約創立的日報，是美國歷史
　　上嚴肅報紙的代表，有「灰色女士」之稱，最初被稱為《紐約每日時報》，創始人為
　　亨利・J・雷蒙德和喬治・瓊斯，當時的售價為一美分。因其刊登的新聞本著「力求
　　真實，無畏無懼，不偏不倚，並不分黨派、地域或任何特殊利益」的原則，在紐約
　　中產階級中有著良好的口碑。圖片來源：http://library.duke.edu/digitalcollections/eaa/Pr
　　oduct/Pond's%20Cold%20Cream.

種常見的宣傳形式。無論是在街角，還是在繁華的鬧市區，或是在地
鐵上、城市的公共汽車上，到處都有戶外廣告的身影。在美國歷史
上，戶外廣告最早出現在十九世紀初，當時的一些廠商在馬戲團的圍
欄或者劇場的牆壁上張貼巨大海報，宣傳自己的商品，其內容大多是
一些生活用品和藥品，這種形式的廣告宣傳價格便宜、貼近大眾，由
於當時人們的交往範圍受限，所以此類戶外廣告頗受大眾歡迎。隨著
美國大城市規模擴大，摩天大樓如雨後春筍般拔地而起，城市戶外廣
告有了更大的發展空間，戶外廣告也成為眾多廣告客戶的選擇，特別
是黃金地帶的戶外廣告，往往會成為商家們必爭之地。隨著城市的不
斷發展，基礎設施的不斷完善，城市的戶外廣告迅速壯大，城市大
樓、地鐵隧道、公共汽車車身、電話亭、遮陽傘、汽車站、火車站、
旅遊景區等，只要是人流量大的場所都是戶外廣告密集出現的地方。
和報紙等平面媒體廣告相比，戶外廣告的價格往往較為低廉（通常是
平面廣告的一半），覆蓋受眾較廣，所以這種形式的廣告更易於推
廣。繁華都市到處可以看見某某公司做的大型戶外廣告，特別是對一
些實力較強的公司，如福特汽車、可口可樂飲料等，其戶外廣告遍布
整個國家，每一個城市都有其醒目的戶外廣告。類似的戶外廣告往往
給消費者一種親切的感覺，特別是對於居住在城市裡的人，當外出看
到這些熟悉的廣告，生活就像被拉近了距離。在整個國家，因消費同
一種商品，大家有了共同的話語，這對於因工業化被忽視的人文感
情，共同的消費情感無疑給大眾提供了新的溝通橋樑。

圖九　一九一七年賓夕法尼亞州火車站的一塊看板。[26]

---

26 上圖是一九一七年賓夕法尼亞州火車站的一塊看板，這塊看板上是當時美國著名的
　　企業，包括可口可樂、凱利輪胎、威臣石油、阿拉巴思汀，其中還有美國海軍部招
　　新廣告。可口可樂和凱利輪胎在美國大部分城市的火車站都有自己的廣告，這對於
　　公司全國範圍內的行銷起著積極的宣傳作用，同時也會讓使用該品牌的消費者有一
　　種親切的感覺。圖片來源：http://library.duke.edu/digitalcollections/eaa_M0036/。

圖十　一九二二年亞特蘭大一條商業街的照片。[27]

　　在廣告內容和形式上，除了上述提及的鄉村郵購目錄還有城市裡的平面、戶外廣告等，遍布美國的廣播無疑使廣告的覆蓋更加密集。一九二二年，美國第一家商業廣播電臺WEA正式開展廣播廣告業務，廣播廣告的出現，為生產商和銷售商提供了一個更新穎更廣闊的宣傳平臺。此外，十九世紀末二十世紀初收音機在美國家庭中已得到基本普及，這為廣播廣告的快速發展奠定了更堅實的基礎，廣播的即時性和生動性特徵促進了其作為傳媒仲介的快速發展，廣播成為商家

---

27 建築物上到處是豎著的看板，商業和城市緊密地交織在一起，相得益彰。照片中最引人注目的就是「好彩」牌香煙。香煙當時深受男士的喜愛，就像化妝品之於女性一樣，南方的煙草工業為其提供了基礎。圖片來源：http://library.duke.edu/digitalcollections/eaa_M0292/

細化市場的重要選擇之一。據統計，一九二九年，美國商家在廣播廣告中的總投入為一八七三萬美元。[28]就性價比而言，廣播廣告具有更低的成本，且宣傳時間更短、效率更高，操作也更為便利。

表二　一九二九年新聞報紙上的廣告和廣播形式的廣告發展情況對比[29]

商品種類	新聞報紙上的廣告		廣播形式的廣告	
	全國六十九個主要城市的新聞報紙，一九二九年		哥倫比亞和美國國家廣播公司，一九二九年	
	廣告總數（單位：千條）	排名	廣告總費用（單位：千美元）	排名
汽車	190,235	3	1,721	4
食品和酒類	140,535	6	2,025	2
藥品	146,321	5	1,941	3
服飾和紡織品	345,746	1	315	14
煙草	48,896	9	1,349	5
傢俱和家庭擺設	253,084	2	581	11
旅遊、休閒娛樂	153,608	4	867	9
書籍和文具	22,751	14	886	8
建築材料	35,618	11	234	16
珠寶類	36,443	10	41	20
收音機、唱片機、音樂器材	104,132	8	3,741	1
香皂和家庭用品	23,468	13	238	15
鞋類、包類	32,468	12	367	13

28 廣播廣告的總消費在當時的美國主要得益於包括哥倫比亞廣播公司和美國國家廣播公司，這兩家公司的廣告業務幾乎處於壟斷地位。Crowell Publishing Company, National Market and National Advertising, 1930.

29 National Advertising Records, Denney Publishing Co., 1930.

　　美國現代廣告業起源於城市，並促進了城市的發展，廣告業逐漸成為城市經濟的新增長點，成為一個帶動諸多產業共同發展的完整產業鏈。工業化進程中的城市規模越來越大，容納的人口越來越多，美國城市的包容性為不同的生活方式提供了溫床，不斷有新興元素融入到城市文化中來，而廣告的出現為多元化的城市帶來了無限生機。城市生活在鋪天蓋地、無孔不入的現代廣告影響下，被各種消費活動占據，並被抽象成一個個商品的符號，在這種持續的消費迴圈中，美國城市居民追求著自己的「美國夢」、「幸福夢」。廣告豐富著城市生活，本身也逐漸成為城市中一道獨特風景，對於浸在廣告世界的人們而言，廣告就像無聲的「傳道士」，在每天的渲染中潛移默化中改變著人們的生活方式，重塑著人們的消費習慣。

第三章
現代廣告對美國新消費文化的影響

　　在現代社會裡，人們的消費方式與習慣受多種因素影響，其中形式多樣的廣告起著重要的催化與鼓噪作用。美國的新消費文化出現於十九世紀末二十世紀社會轉型期的特殊時代背景中，是當時社會發展的結果。一八八五至一九二〇年是美國現代經濟體制形成、快速發展時期，滿足人民物質生活水準需求的商品日益豐富，甚至出現供大於求的局面。「大批量生產意味著大眾的消費」，[1]如何將大量的商品推向消費市場，如何使消費者接受新的商品，這是當時企業急需解決的問題。在這樣的背景下，美國現代廣告業的興起及迅速發展，成為解決上述問題的的重要途徑。本章在前兩章研究的基礎上，主要考察現代廣告業對美國社會新消費文化的影響，如廣告對消費者消費意願的影響，廣告對商業品牌的塑造，最後，本章以廣告對中小城鎮女性消費群體的消費影響為例，探討了廣告是如何對消費者消費過程產生實際影響的，以及消費者對廣告的接受程度等。

一　現代廣告與消費者的消費意願

　　社會經濟的大發展為大眾消費能力和消費條件奠定了堅實的基礎，但是如何把社會發展的成果轉化為實際的購買力是一大社會問

1　（法）尼古拉・埃爾潘著、孫沛東譯：《消費社會學》（北京市：北京社會科學文獻出版社，2005年），頁56。

題。美國實行大工業化生產的一個直接後果就是大量商品如洪水般湧入市場，如何把這些商品儘快銷售出去是每一個公司經理的當務之急。而十九世紀末的美國，仍是一個清教意識強烈的國家，人們堅守節約、節儉的傳統美德。在傳統清教思想氛圍下進行的消費，主要以滿足日常基本生活需求為標準，消費者消費過程中的關注點集中在商品的使用價值，而超出基本生活要求之外的消費通常被人們視為奢侈、浪費，為社會整個文化氛圍所不齒。在當時生產力不高的情況下，這種勤儉節約的生活方式對社會發展是有利的，但隨著資本主義經濟的擴張，經濟的發展需要傾銷商品，擴大消費市場，傳統的消費觀顯然不能適應新的社會形勢，培養新消費觀念成為社會發展的必然要求。在人們接受新消費觀念的過程中，廣告的宣傳及造勢起到了重要作用。

消費意願的形成在某種程度上，就是創造一種新的消費需求，提倡一種新的生活習慣，因此理論上是一個十分緩慢而艱巨的過程，但現代廣告業的興起和迅速發展為開發消費意願、改變傳統消費觀念的進程注入了催化劑，成為宣導新新消費文化的重要推手，加速了新消費文化在社會中的普及。總的來講，現代廣告業之所以能在新消費文化形成過程中發揮重要影響，主要在於廣告業不僅促進了消費者的消費意願，同時對社會生產也產生了重要的刺激作用，實現了社會大生產和消費的良性互動，即工業化大生產帶動了廣告業的發展，廣告製造的消費意願和需求又刺激了工業化生產的持續進行。新消費文化在一定意義上講就是生產大眾化和消費大眾化的良性互動形成的社會文化現象，而在這之中，廣告起了關鍵的媒介作用。

如前文所述，二十世紀以來，美國的現代廣告業逐步成熟，經營規模擴大、經營及管理方式科學化，且逐步實現了產業化發展。在轉型時期的美國，各種形式的廣告宣傳湧入到城市、鄉村，改變著中產

階級、工人階級、農民階層的消費觀念，無論是男人、女人都難以逃
脫形形色色，充滿各種「誘惑」的廣告宣傳，製造並不斷強化消費意
願，誘使人們最終加入消費大軍的行列。此時的廣告對大批量生產各
類商品的企業來說，與生產商品的流水線同等的重要。總體而言，廣
告對消費者消費意願的創造和提升主要體現在兩方面，一方面，透過
規範廣告的運營，增加消費者對廣告的信任；另一方面，在廣告宣傳
過程中，增加宣傳技巧，將廣告同消費者的美好生活願望結合起來。
透過這兩方面，廣告在很大程度上實現了對消費者消費意願的帶動和
引導作用。

　　首先，規範廣告運營，增加消費者對廣告的信任。如前文所述，
美國現代廣告業實現產業化、規範化、科學化經歷了一個逐步發展的
過程，在這個過程中，廣告業日益規範，並被更多的大眾消費者接受
與認可，「真實廣告」便是具體體現。到二十世紀二〇年代，美國廣
告業無論在形式上還是內容上都與早期的廣告有了質的變化。在早期
廣告的製作中，由於缺乏監督和行業自律，新聞報紙刊登的廣告經常
帶有明顯的誇張特徵，過分吹捧商品的功效，特別是藥品廣告常常誇
大其真實作用。隨著人們的經驗認識的不斷提高，那種浮誇的廣告形
式被人們所唾棄，廣告在人們心目中的印象大大降低，甚至成為忽悠
人們消費的騙子戲法，嚴重影響了廣告的發展，在此背景下，廣告業
的變革迫在眉睫，勢在必行。一九一一年著名的商業雜誌期刊《印
墨》（*Prints' Ink*）在行業中提出「保證廣告的真實性、遠離欺騙和誤
導」，這種規範廣告提議收到了大部分媒體和廣告從業者的響應，各
大廣告公司和新聞雜誌等紛紛加大了商品廣告內容的審核，並開始承
擔虛假廣告的社會責任。這一系列的改進促進了廣告產業的健康發
展，增加了消費者對於廣告的信任，從而增強了廣告對於引導人們健
康消費意願的作用。「消除消費者的疑慮、增加消費者的信心、創造

消費者的需求」成為廣告行業在新時期的主要任務。[2]

　　隨著廣告業的規範發展，消費者對廣告的認可逐漸提高，並促進了廣告業和商業的良性發展。美國企業在廣告宣傳上的投入隨著經濟效益的增長而逐漸提高，廣告公司也實現了業務和規模上的擴張。一九一六年，美國出現第一家在廣告投入上超過一百萬的公司，而到一九三〇年，約有二十二家公司的廣告投入超過了百萬甚至更多。同時在美國也出現了以湯普森為代表的全國最知名的三十家廣告公司，無論從經營規模還是經營效益，這三十家全國最知名的廣告公司代表了美國廣告業的整體飛速發展。這三十家廣告公司最大的廣告雇主，在一九一五年的總投入為七十三點八萬美元，而到一九三〇年，這三十家公司的最大雇主投入的廣告費為三七八點九萬美元。[3]廣告投入的增加說明了市場對廣告行業功效的認可，要想在市場上獲取成功，沒有廣告的加持是不可想像的。

　　其次，廣告將商品的宣傳同消費者對美好生活的嚮往聯繫在一起，促進了消費者的消費意願，而這一過程是潛移默化的。廣告的效用是伴隨著社會整體的進步而產生的，廣告的積極作用不僅是宣揚一種經濟方式，更是宣揚一種新文化、新生活方式，人們在接受廣告所宣傳的一種商品時，不僅接受商品屬性給日常生活帶來的便利，在很大程度上接受的也是該商品所能提供的符號意義，是消費者對美好生活的嚮往，對自我身分的認同等。廣告作為新消費、新生活的「勸說者」，指引著人們如何消費，影響著人們具體的消費行為。在鼓動人們積極消費的戰役中，廣告商們不斷的更換著適宜的口號，賦予消費超越本身現實的意義。比如在一戰中，為了鼓勵人們積極消費、拉動

2　Pamela Walker Laird, *Advertising Progress: American Business and the Rise of Consumer Marketing*, Baltimore& London: The Johns Hopkins University Press, 1998, p. 304.

3　National Markets and National Advertising, 1930, Denney Publising Co., 1930.

經濟增長，消費被賦予了「愛國主義」的意義，[4]每一次的消費都是對國家的支持。與民族感情相關的消費意願使消費行為易於被更多的人接受。這種感性的宣傳口號是廣告創造消費意願的常見手法。

　　廣告在創造人們的消費意願的同時，也在影響人們的消費選擇，改變著人們的消費習慣。十九世紀末二十世紀初，美國的「改善家庭運動」是一項旨在推行新生活標準，改善普通家庭生活水準的國家計畫，[5]「改善家庭運動」包括提高普通家庭的物質生活水準，改善人民的醫療健康水準，提高人民的居住環境等方面。在推行這一運動過程中，國家為鼓勵人們消費創造了諸多條件，如，為了推動全國範圍內家庭電器的使用，政府加速了全國範圍內的電網建設，為人們使用新商品創造良好的社會條件。在推行新式生活過程中，廣告發揮了重要的鼓動作用，廣告的作用也被包括總統柯立芝在內的政府人士所重視。包括《婦女家庭雜誌》、《家庭好幫手》、《鄉村紳士》等全國知名的雜誌和期刊中，都有專門的版面用來宣傳新的生活知識，推廣新式商品，如指導家庭主婦如何使用冰箱、微波爐、電烤箱等新商品給家人準備健康飲食，如何購買新式傢俱以佈置家庭擺設等。在面向鄉村的新聞廣告中，廣告一方面向農民介紹與農業相關的耕作知識、最新的機器用途和操作流程，一方面推廣與之相匹配的機械工具，這些形式的宣傳在鄉村中有較好的口碑。在國家的大力支持和推動下，廣告不僅實現了商品的宣傳作用，同時增加了消費者的生活、生產知識，這些帶有普及知識性的廣告成為人們瞭解外面世界、增長生活見聞的重要管道和有益參考。

4　Nancy Cohen, *Social History of the United States,* California: ABC-CLLO, 2009, p. 35.
5　具體可參見：Better Homes in America, Plan Book for Demonstration Week, October 9 to 14, 1922. http://memory.loc.gov/cgi-bin/query/r?ammem/coolbib:@field(NUMBER+@band(amrlg+lg03))。

　　在美國歷史發展進程中，不同時期「美國夢」被賦予不同的時代
內容和象徵意義，這也為廣告與時俱進發揮宣傳作用提供了恰當的社
會機遇。在經歷過內戰的社會改造、科技革命的大發展後，美國社會
發生了巨大的變化，在工業化和城市化的推動下，「美國夢」的內容
也發生了變化，追求幸福生活、加入消費社會，透過消費改善生活成
為新時期「美國夢」的重要表現，廣告用煽動性的語言對重新塑造
「美國夢」起到了積極的作用，在這一塑造過程，廣告成功的使人們
加入各個消費團體中，成為各種現代化商品的消費者。

　　汽車廣告行銷是透過廣告闡釋「美國夢」的一個典型案例。廣告
透過把汽車和自由、幸福生活聯繫在一起，塑造了汽車這一商品的社
會意義，並在消費者心目中留下深刻印象。特別在年輕消費群體中，
廣告對汽車塑造的意義對年輕人更具吸引力，年輕、自由成為汽車的
另一種社會形象。福特、通用汽車的戶外看板一般都立在高速公路的
入口或出口處，用巨幅海報吸引年輕人的注意。以家庭旅行車（或房
車）的宣傳為例，廣告商將該商品同中產階級家庭幸福生活結合起
來，刻畫了一家人外出旅遊的幸福時刻，這同當時中產階級重視家庭
生活、追求自由的觀念相當吻合，贏得了很多中產階級家庭的青睞，
促進了旅行車的銷售。當時一大部分人購買此類汽車的主要目的就是
逃離緊張壓抑的城市生活、方便帶家人外出旅行。在很大程度上，這
種深入人心的汽車廣告行銷不僅促進了汽車的市場銷售，同時也有利
於健康的汽車文化的形成。

　　針對女性消費者的行銷是廣告創造新消費意願的成功案例之一。
在二十世紀女權運動的影響下，廣告將新式的家用電器同女性的解放
聯繫在一起，是創造女性消費者、激發女性消費者意願的一大突破
口。「讓她幫你解決繁雜的家務」成為各種新式電器的廣告語，這一
帶有鼓動性的廣告語深得女性共鳴。洗衣機、電冰箱等家用電器成為

女性從家庭繁雜勞務中解脫出來的好幫手，同時也為更多的女性進入
社會工作提供了時間保證。因此，廣告的催化、鼓動在要求進步的女
權主義者和可以幫助她們減輕家務勞動的現代化電器中間搭建了一座
橋樑，在廣告行銷的消費氛圍下，大量女性消費者成為各類新式電器
的主要購買者，她們利用這些好幫手從家務中解脫出來。又如二十世
紀二〇年代，福特汽車公司為了勸說女性購買汽車，在廣告中列舉了
女性購買汽車的種種益處，特別強調女性擁有自己汽車便擁有了獨立
身分。

　　在廣告行銷潛移默化的影響下，消費產生幸福這一理念逐漸滲入
美國人的消費意識中，這種意識在擴大美國國內消費需求中確實起了
重要作用。[6]透過以上幾個案例可以看出，廣告對消費意願的影響是
建立在一定的社會基礎上的，廣告利用社會的大環境和整體氛圍來發
揮自己的宣傳、鼓動作用。在消費者消費意願的形成過程中，廣告起
到一種催化劑的作用，使新消費習慣提前發生。聰明的廣告商總是善
於利用社會的氛圍進行有效宣傳，使特定的群體產生消費的共鳴，從
而賦予商品以特定的社會意義，達到促成消費的最終結果。

二　現代廣告與商品的品牌效應

　　在促進商品銷售、塑造新消費文化的過程中，廣告業透過打造、
推廣特定行業的品牌，使該品牌在消費者群體中形成一定的品牌效
應，從而影響消費者的購買習慣。在新消費文化中，消費者對商品品
牌的重視反映了消費者對消費本身的態度及其持有的消費習慣。當廣

6　郭立珍：〈二十世紀初期中美消費文化對比研究〉，《思想戰線》2010年第4期，頁91-
　　95。

告業在當時美國經濟運行中占據不可或缺的地位後，尤其在面對行業
殘酷的市場競爭中，商家對廣告的重視和倚賴越發嚴重，只有加大廣
告投入，擴大市場占有率，形成品牌優勢，才能在行業中殺出重圍、
立於不敗之地。根據製造業統計資料顯示，[7]從一九〇九年到一九二
九年，美國的商品製造商在期刊、雜誌等媒體上投放廣告的投資從五
千四百萬增長到三點二億美元，新聞報紙廣告的消費從一點四九億增
加到七點九二億，這些資料增長的背後，充分反映了美國經濟對廣告
業的重視。

表三　一九一五至一九二九年美國主要商品的廣告投入對比[8]

（單位：萬）

商品種類	1915年	1923年	1929年
汽車	5,007	14,674	22,913
食品和酒類	4,023	12,842	23,822
藥品	2,543	13,996	24,982
服飾和紡織品	2,410	8,407	7,371
煙草	1,671	753	3,493
傢俱和家庭擺設	1,629	10,329	15,818
旅遊、休閒娛樂	999	3,347	4,414
書籍和文具	965	2,896	4,120
建築材料	945	4,893	5,865
珠寶類	925	2,780	4,228

7　資料來源：U.S. Bureau of the Census, 15th Census of the Unites states, Census of Distribution. 1930.

8　資料來源：National Advertising Records, National Market and National Advertising, Crowell Publishing Company, 1930, http://hdl.loc.gov

商品種類	1915年	1923年	1929年
收音機、唱片機、音樂器材	835	2,796	4,402
香皂和家庭用品	790	5,065	7,048
鞋類	611	2,078	2,001
飲料類（軟飲料）	475	1,511	3,109
家用電器設備	160	1,330	1,344

　　從上表可以看出，一九一五年到一九二九年這十五年中，美國社會上流通的商品幾乎都進行過廣告宣傳，其廣告費用也大幅增加。就商品類型而言，其中製造業的廣告投入最大，這在很大程度上反映了消費者對以汽車為代表行業的關注及強大的消費意願。此外，食品及酒商品的廣告投入也出現大幅度增長趨勢。飲食類商品廣告投入的增長一方面反映了人們物質生活水準的改善，另一方面也反映了人們飲食方式、生活方式的改變。隨著工業化的發展，人們長時間的外出工作，居家做飯的時間相對較少，罐裝食品及冷凍保鮮技術的發明，使人們的飲食選擇多元化、便捷化。此外，除衣食類商品廣告增加外，滿足人們精神生活類的商品廣告也有顯著提升，如旅遊休閒、書籍、音樂器材的消費等，反映了消費者生活方式和生活品質的重要提升，而這些內容也是新消費文化的重要特徵之一。

　　美國現代廣告業迅速發展，市場對廣告投入的熱情不斷高漲，共同促進了商品品牌化的形成。在全國範圍內，每一類商品領域都出現了多個知名品牌，這些品牌長期占據著廣告頭版，加深了人們對其印象，促進了此類品牌的銷售。總的來說，美國民眾這一時期的消費活動和對各種新商品的認識主要是透過各種形式的廣告實現的，商品廣告普及的廣度和深度直接影響商品的銷售，而人們在眾多同類商品中進行選擇的過程中，有一定的品牌效應傾向，即傾向於購買廣告宣傳

較多、社會評價較好的商品品牌。不同行業內都出現了相應的知名品牌，這些品牌在消費者心目中有一定的忠誠度，人們一旦選擇了某種認定的商品品牌，就會形成一種購買習慣。而品牌效應的形成在很大程度上依賴於廣告的大肆宣傳，如汽車領域的福特、克萊斯勒，化妝品領域的龐氏和力士，就連一些農產品都出現了一批全國範圍內知名度較高的品牌。

　　總之，從一八四一年帕爾默第一個廣告代理商的出現，到二十世紀二〇年代，美國數以千計的廣告公司成功塑造了一個又一個具有世界影響力的知名品牌，比如駱駝牌香煙、可口可樂、龐氏、凱利輪胎、力士化妝品、柯達相機等，廣告公司成功的策畫、定位、推廣等一系列運作是這些品牌成功、暢銷的關鍵因素。比如駱駝牌香煙的成功就離不開艾耶公司的成功廣告，一九一三年艾耶公司成功取得雷諾茲煙草公司的業務，經過艾耶公司精心策畫，迅速擴大了駱駝牌香煙的市場。艾耶公司透過簡單的廣告宣傳語「駱駝牌香煙，再也沒有比這更好的了」、「駱駝來了」，讓消費者輕鬆的記住了這個品牌，並形成了良好的品牌口碑，最終成功的成為美國三大煙草公司之一。此外，美國歷史上肥皂的普及也離不開廣告的大力宣傳，使肥皂的使用和普及在美國成為文明生活與注重個人衛生、品味的象徵。為了營造使用肥皂的社會氛圍，某廣告公司在廣告中附上馬丁・范・布倫總統和威廉・麥金利的照片，並附上煽動性的廣告語「立志於做總統，請從認真潔面開始」，使用肥皂成為成功人士注重外表的象徵。從此美國肥皂的銷售量大增，一八八〇年到一八九九年，美國肥皂的銷量翻了一翻。[9]也難怪有人誇張的推斷，如果沒有廣告的誇張渲染，美國人普及肥皂估計得晚上五至十年。

9　Julie Husband, and Jin O'Loughlin, *Daily Life in the Industrial United States, 1870-1900: Advertising,* The Greenwood Press, Connecticut, 2004, p. 170.

　　總之，這一時期，在廣告大力宣傳的推動下，商品的品牌效應成
為大眾消費品市場的主要特徵之一。當人們選購汽車時，自然就會想
到福特、通用等全國知名品牌，當選購咖啡時，麥克維爾就成為這一
類商品的代名詞，龐氏和力士為代表的日用護膚產品成為女性化妝品
的首選。除商品的品質因素外，廣告對品牌形象的塑造起了不容忽視
的作用，廣告使得這些商品具備了超越現實生活的某種特殊魅力，吸
引著大批消費者購買。品牌效應的形成是大眾消費的結果，也是廣告
對商品行銷、商品內部競爭的結果；此外，消費者對品牌的追求伴隨
著消費經驗的增多、消費主動性增加而逐漸產生的。往往一些著名的
品牌除了良好的品質外，都具備一定的社會價值與符號意義。消費者
透過購買這些商品會達到一定的心理預期、彰顯一定的身分屬性，這
是這些品牌具有的共同特徵。

圖十一（上左）、圖十二（上右）　美國早期女性彩妝化妝品CUTEX
的兩幅廣告圖片。[10]

---

10 CUTEX是二十世紀二〇年代美國納森·沃倫公司推出著名女性化妝品品牌。該公司
　　一九一一年成立於康涅狄格州，最初只生產彩色指甲油，此後業務擴展到各類女性
　　彩妝，產品深受女性消費者的喜愛。圖片來源：http://library.duke.edu/digitalcollect
　　ions

　　綜上所述,消費意願的產生是一個複雜的過程,而鮮活的廣告作為一種能對人們選擇產生心理影響的媒介,其對人們消費意願的形成產生了重要影響。廣告從消費者的心理訴求出發,抓住消費者的喜好,利用有利的社會環境,在某種品牌和消費者之間建立起刺激反應,這種關係使得商品在潛在客戶心中產生了優先購買的欲望,這種以消費者為中心的行銷手段使消費者產生心理共鳴,從而影響消費意願,最終形成實際購買力。品牌商品具有符號價值,這種價值是以它們所具備的良好聲譽和其所體現的社會地位、權力來體現的,它體現了消費者對時尚、名望、奢華身分的追求,成為消費者社會地位的重要標識。在消費社會中,這一符號價值日益成為商品和消費的一個重要組成部分,這種符號價值的作用伴隨著廣告、包裝、展示和大眾傳媒的增長而不斷增強。[11]

三　現代廣告對大眾購買行為的實際影響

　　廣告對整個社會消費活動的影響是分層次的,如在促進商品銷售、創造消費市場的過程中,新時期美國廣告業對消費活動的宣傳重心經歷了從城市到鄉村、從中產階級到普通大眾的一個不斷發展的過程。從文化傳播角度分析,大城市的城市文化會先擴展到小城市或者城鎮,然後再擴展到鄉村中,這種文化擴散的路徑使得城鎮的作用非常獨特。隨著郵購業務和廣告的普及,城市最新的時尚和文化會伴隨著這些廣告第一時間進入小城鎮,特別是城鎮女性對這些新鮮文化的刺激反應尤為明顯。以瑪麗·霍夫曼(Mary E. Hoffman)為核心的研

11　(法)讓·鮑德里亞著、劉成富譯:《消費社會》(南京市:南京大學出版社,2006年),頁151。

究團隊，對美國新時期城鎮居民的消費特點進行了長時間的研究，特別是對城鎮女性購買習慣的研究，充分反應了這些女性消費者是如何購物的，是如何在現代廣告的宣傳下加入新消費群體。[12]

　　城鎮女性對廣告的關注情況和態度。根據調查顯示，在被調查的三百九十四名女性中，[13]有一百四十九位女士表示自己的消費受廣告的影響極大，對廣告宣傳是「極多的關注」（a great deal of attention），此類女性在購物中往往會參考多種廣告的宣傳，並進行對比研究，廣告是此類女性購物的重要參考；一百位女性對廣告宣傳「較多的關注」（a good deal of attention），廣告在她們購物過程中起到的影響比較大，此類女性會在需要消費時候參考有關廣告的宣傳，受廣告影響較大；對「一般關注」（average attention）的女性為五十八位；「較少關注」（small attention）廣告的女性為四十六位；幾乎不關注廣告（very little attention）的女性為二十六人；而認為廣告沒有效用，不會相信廣告宣傳且認為她們消費、購物時不會關注廣告（think they pay no attention）的僅有八位，另外還有七人從來不看廣告（do not read advertising），日常的消費從不參考廣告介紹。總的來看，三百九十四名女性中有三百七十九位女性都會關注廣告，其中一百四十九位女性日常生活中給予廣告極大重視，占總比重的為百分之三十六，如此高的比例說明了城鎮女性對廣告宣傳的認可和重視，同時在很大程度上也說明，廣告是她們購物習慣和消費態度形成的重要影響因素。

　　根據調查，期刊報紙是被調查女性接收廣告的主要來源，其中對

---

12 Mary E. Hoffman, *The Buying Habits of Small-Town Women*, Ferry-Hanly Advertising Company, 1928. http://hdl.loc.gov/loc.gdc/amrlg.lg06。

13 這三百九十四名女性來自三百九十四個家庭，其中二百二十七位來自中產階級中的上層和下層家庭（upper-and-lower-middle-class），一百六十七位來自更富裕的家庭（wealthier homes）。

被調查女性影響最大的雜誌是《女性之家》和《好管家》。這兩本雜誌主要面向女性消費群體，在全國範圍內有著穩定的訂閱群體，同時，這兩個雜誌也是知名品牌重點投放廣告的雜誌。從被調查的女性消費者回饋中可以發現，許多女性消費者不僅僅將這些雜誌期刊作為宣傳商品的廣告冊看待，她們將其作為生活的好幫手。在這兩本雜誌中，有大量內容介紹了與女性生活相關的知識，比如如何使自己的皮膚更顯年輕、如何選購不同時節的服飾、如何使自己更有魅力等，這些內容同新商品一起，逐漸改變了這些潛在消費者對於廣告的認知。除了基本的廣告宣傳作用外，廣告內容還是一種藝術的表現形式。在被調查的女性中，她們會充分這些印刷精美的雜誌廣告裝點日常生活，如有的女性會把精美的廣告單頁剪貼下來，貼在家中作為裝飾品，有的則把其收藏起來，有的家庭主婦在無聊時會把雜誌廣告作為一種閱讀材料。從其五花八門的用途上可以看出，廣告名副其實的成為人們生活中的一部分，給人們帶來了歡樂。

總之，以《女性之家》和《好管家》為代表的女性廣告雜誌期刊對女性消費活動產生了重要的帶動作用，並深得女性群體的信任。「對好管家雜誌有很強的信心」，「好管家就是一種保證，在上面的廣告是值得信賴的」，「我們家的冰箱就是透過好管家上面的廣告宣傳所購買的」，透過類似的表達可以看出，女性消費者對於這些擁有較好聲譽的期刊廣告非常信任，這些信任來自多次的購物體驗，在很大程度上，是消費行為的積累。當消費者從多次的購買實踐中獲得良好的效果和回饋後，她們會逐漸建立起對於廣告和某類商品的信任，同時也會建立對於消費本身的信心。可見，真實的廣告、良好的商品信譽對於消費者的購買信心和消費實踐至關重要。

在廣告的宣傳和引導下，女性的消費形式、消費內容也更加多樣。調查顯示，上述三百九十四名家庭主婦中，有一百五十九位女性

曾直接在廣告的宣傳和引導下到指定地方購買過商品，二百一十九名
女性在廣告的影響下曾間接購買，比如到當地的代理商處去購買。在
購買內容上，城鎮女性購買的商品呈多元化分布，幾乎包括各種類型
的生活用品，化妝品、牙膏、香皂等洗漱用品，食品、傢俱和家用電
器、廚房用品，服飾、書籍等。此外，廣告上附贈的商品優惠券和使
用券，增強了城鎮女性的購買積極性。據調查，城鎮女性消費者更樂
於購買那些廣告上附有優惠券和使用券的商品，而且在未必有實際消
費需求時，這些女性消費者經常會在優惠券的刺激下進行購買，這在
一定程度上也反映了新時期女性的購買習慣。此外，透過廣告宣傳，
女性對家庭娛樂、休閒的等消費項目的關注逐漸提高，如她們會關注
最新上映的電影、馬戲團表演等。帶領家人在休閒、娛樂方面進行更
多消費活動，也是女性消費者在促進社會整體消費方面所起積極作用
的重要表現。

圖十三（上左）、圖十四（上右）　刊登在《女性之家》和《好管家》
期刊上的廣告，第一幅為力士洗衣片的廣告；第二幅為龐氏女性護膚
品的廣告，其中龐氏刊登在《女性之家》上的廣告附有當時最流行的
優惠券、試用券。[14]

　　女性對消費的熱情和新事物的敏感，使其更容易接受廣告的宣
傳，家用電器的普及便是在女性消費者帶動下實現的。據調查，有百
分之六十四的女性承認，家中的新式電器，包括冰箱、洗衣機、吸塵
器等電器是自己透過廣告宣傳而購買的，在家庭消費活動中，自己是
有足夠的發言權。女性消費者在選購商品時，往往會傾向於廣告中的
一些著名品牌。一方面是由於這些品牌品質有較好保證，另一方面也

─────────────

14　圖片來源：http://library.duke.edu/digitalcollections/

關係到商品使用價值之外的社會價值。擁有某一種知名商品代表了一定的消費能力和社會地位，而這方面的購買心理是女性較多關注的。在被調查的女性中，大部分坦誠承認了消費活動中的虛榮心理。這種虛榮心的建立與廣告長期宣傳分不開的，廣告通過煽動性語言，把某種特定的生活方式和某些品牌的商品聯繫在一起，使商品具備了超越使用價值以外的意義。如在選購化妝品，女性之間的攀比是最重要的消費動力。此外，在透過廣告影響購買的商品中，除了女性專屬消費品外，也包含了家庭其他成員使用的商品，如丈夫的剃鬚刀、孩子們的衣服、全家人的護膚品等，這說明了女性消費關全家人的生活，女性對有關廣告的關注也是對提高家庭生活品質的關注，代表了整個家庭在新時期消費特點和改善生活的願望。

　　廣告對城鎮女性購買方式的影響。在城鎮郵購商品出現以前，城鎮女性一般到當地商店、雜貨鋪或鄰近大城市購買商品，由於交通不便、商品匱乏等限制了其作為消費主力軍的消費行為。廣告進入城鎮以後，她們能接觸到的商品種類極大豐富，購買方式也更多樣。新時期，商品銷售商一般會在廣告上附上具體購買地點、購買方式的說明，對於那麼居於交通不便，或較遠地方的消費者，商家會提供郵局郵購等服務，日益完善的郵購網路也為此種購買方式提供了便利。在對三百九十四位家庭主婦的調查中，有二百六十一名女性答覆自己透過郵購的方式購買過商品，占比約為百分之六十六點二，有七十七位女性認為郵購業務的商品相比較價格便宜；有五十六位女性認為可以選擇的樣式更多；其他大部分女性則認為相比較於傳統的實體店，郵購業務更加的便利、快捷。這種以廣告為依託的郵購業務使小城鎮女性體驗到了新購物方式所帶來的樂趣，這類商品不僅豐富多彩而且物美價廉，新消費方式也彌補了她們生活和行動範圍的局限，帶給了她們如城市女性同樣的購物體驗，這些購物體驗對她們而言，在很大程

度上已經超越了消費本身的意義。

　　女性消費者對廣告真實性的態度。對廣告真實性的態度實際上反映了消費者對於這種全新行銷模式的態度，這種態度的生成和轉變經歷了一個緩慢的過程。對廣告態度的變化從宏觀意義上講，代表著人們對於新事物的接收能力和適應性，能較快適應社會變化的群體，對廣告通常持著一種開放態度，對新生事物保持著足夠多的好奇心。從微觀角度分析，對廣告的態度是受不同群體生活體驗和生活環境所影響的，如周圍朋友和鄰居對廣告的態度在很大程度上會左右單個個體的消費態度，一次愉快的購物體驗也可能加深其對廣告的好感。同時，不同檔次和品質的雜誌、期刊，不同類型新聞報紙的知名度也會讓消費者對其上面的廣告產生不同的態度。在對三百九十四名女性的調查中，對廣告的態度可以分非常信任、比較信任、一般信任，同時還有有時信任、有時不太信任，不信任，同時也包括那些不持觀點的，僅對當地廣告信任的。其中非常信任廣告的女性消費者有一百二十五位，比較信任的有八十二位，一般信任的有九十二位，有時候信任的有三十九位，不太信任的有十七位，不信任的有二十五位，不持觀點的有九位，僅對當地廣告信任的有三位，同時還有二位女性不太確定自己的觀點。總體上看，在被隨機調查的女性中，幾乎有百分之七十五的女性消費者對廣告抱有信任的態度，同時調查發現，在這些信任廣告宣傳的消費者中，她們的購物頻率也非常高，而那些對廣告抱有懷疑態度的女性消費者，透過廣告形式購物的頻率也非常有限，而那些持懷疑態度的消費者，則大都沒有透過廣告購物的體驗。

圖十五（上左）、圖十六（上右）　《好管家》雜誌的兩幅封面插
圖，第一幅的時間的為一九〇八年，第二幅為一九二六年。作為一本
專門面向家庭主婦和其他女性群體的雜誌，該雜誌具有較強的親和
力，在當時美國女性心中享有盛譽。[15]

　　綜上所述，透過對城鎮女性消費活動、消費習慣的研究可以發
現，較之於經常接觸五彩廣告的大城市女性，城鎮女性在生活日常消
費過程中同樣受到廣告宣傳的影響。廣告不僅成為其消費活動的重要
參考，同時也是提升其生活品質的重要幫手，是該群體瞭解外面多姿
世界的重要視窗。透過廣告的宣傳，在女性消費群體的帶動下，生活
於中小城鎮的人們也逐漸被帶入新消費文化的大浪潮之中，加入大眾

15　圖片來源：http://memory.loc.gov/cgi-bin/query/r?ammem/cool：@field。

消費的行列之中，逐步享受到消費面前人人平等，這一工業社會給人類進步帶來的紅利。總之，相較於前工業社會的精英消費，新時期的大眾消費普及更廣，觸及人群更多，也更加貼近生活，普通大眾對於價格、服務等方面的關注更能體現出大眾消費的理性特徵。因此，從宏觀角度審視，普通城鎮女性消費群體所呈現的諸多消費特徵更符合大眾消費的特點和趨勢，更能代表社會的進步。在現代廣告業的加持下，城鎮女性、鄉下女性業如城市女性一樣，加入消費者大軍，並改變著自己的生活方式和精神狀態。在新消費文化群體中，生活於不同地區人們之間的差異在逐步縮小，並且逐步同質化，一樣感受著社會的進步、一樣的分享著社會最新的時尚，在某些程度上，這些來自小城鎮的女性比城市裡的女人有著更為旺盛的購買力，有著對美好生活更多的渴望，這些新的購物體驗，新的廣告宣傳，也恰逢其時的給她們提供了改變生活的機會。

第四章
關於現代廣告與新消費文化關係的反思

一　現代廣告對新消費文化影響的再思考

美國建國伊始，傳統社區提倡的主流價值觀是勤儉持家、節欲自制、努力奮鬥，到十九世紀末二十世紀初，在經濟社會實現高速發展的背景下，美國的社會文化發生了重要變化，即高速發展的經濟需要一個與之相適應的消費文化來支撐，傳統價值觀已經逐漸成為社會發展、消費的障礙，因此打破舊傳統、重建美國社會新價值觀念成為社會發展的大勢。「要是本土社區徹底崩潰，最重要的是破壞新教倫理對社區成員的精神壟斷和行為規範，而要做到這一點，沒有什麼比廣告這種工具更為有效的了。……廣告上的化妝品、食品，甚至廁所用品無不帶有濃豔的的色彩。除口臭和體臭的香水、滑石粉、沐浴液更是以華麗和性感為背景。」[1]媒體和廣告透過不斷地渲染帶給人們感官的刺激，激發潛在消費者心中的消費欲望；同時，現代媒體和廣告還不斷塑造著新的財富觀、價值觀，宣揚積累財富本身並不是目的，滿足人的消費欲望才是財富的價值所在。總之，在媒體和廣告的廣告宣傳下，傳統觀念的遭到不斷衝擊，新的消費文化在普通大眾群體中逐漸形成，許多消費者開始接受並實踐媒體所宣揚的生活方式、消費方式，原有的社區傳統觀念漸漸瓦解，並失去對人們的束縛，這為消

---

[1] 張允若：《西方新聞事業概述》（北京市：新華出版社，1989年），頁28-29。

費主義在美國的盛行清除了思想上的障礙，二十世紀二〇年代，美國社會進入全民消費時代。

美國社會轉型期各階層出現的新消費文化是社會發展和進步的表現，也是人們在新時期裡物質、精神需求的反映。這種新消費方式和生活方式逐漸成為新時期美國的社會文化，成為大眾生活的一部分。在這一過程中，廣告對消費文化形成和發展起著重要催化作用，將廣告業和新消費文化置於二十世紀初美國社會轉型的歷史語境下，用歷史主義的視角評價，應當肯定廣告在促進社會生產、增加人們消費知識、提高人民生活水準等方面的積極作用。一方面，新消費文化對社會大生產有重要的推動作用。隨著新消費文化不斷擴張，人們的消費欲望逐漸增強，透過購買某些商品提高生活水準、彰顯身分和社會地位，成為消費者主要的消費動力，廣告地大肆宣傳不斷刺激該消費欲望，並直接帶動了社會整體消費，擴大了商品銷售市場，拉動了經濟持續發展；另一方面，新消費文化有利於提升美國民眾的生活水準、提高消費者的消費水準。整體而言，十九世紀末二十世紀初的消費文化是大眾的消費文化，其主要內容是提高生活水準的消費，其主要消費群體是以中產階級為主的社會大眾，較之於前工業時代的精英消費文化，其更符合社會發展的需求。此外，在消費活動中，消費者的消費知識、生活知識逐漸增加，消費活動也更趨於理性，消費者也更加適應了社會發展。對該時期消費文化的中肯評價有利於從整體上把握廣告在其中所起的積極作用。廣告刺激和加速了這一新消費文化的興起和發展，客觀上對社會的進步也發揮了重要作用。

然而，任何事物都具有雙面性。新消費文化的興起客觀上反映了轉型時期經濟社會發展和人民生活水準的提高的特徵，廣告刺激下的消費活動本身推動了生產力的發展。不過需要指出，廣告的催化作用是建立在市場經濟上的商業行為，其目的在於利益最大化，在此過程

中，難免會出現一些類似虛假廣告、過度宣傳等消極成分，雖然在廣告業自身發展和整頓過程中，其消極的一面有所緩解，但其追求利益最大化的本質仍決定了其始終不能獨善其身。此外，廣告的宣傳作用是透過刺激消費者消費，以此彰顯其與眾不同的社會地位和身分，此種帶有虛榮消費的宣傳和消費本身含有非理性成分，在一定程度上，如在監督不及時的情況下，不利於經濟的可持續發展，會產生資源浪費、生態環境失衡等弊端，甚至在一定程度上會造成了人與人關係的緊張，沉浸於物質享樂也會對消費者精神、心態產生消極影響。作為一種新社會文化、新生活方式，新消費文化在二十世紀二〇年代以後的發展中出現了諸多問題，如過度消費、虛榮消費等，在造成這些問題的原因中，廣告的過度、非理性宣傳難辭其咎。

此外，受當時社會轉型而出現的社會問題影響，廣告業在宣傳對象、業務開發等環節仍存在一定的種族主義傾向，廣告無差別的宣傳在一定程度上對某些群體產生了負面影響，限制了廣告作用的充分發揮。雖然二十世紀初美國經濟取得了輝煌成就，但是在社會中仍然存在一定的貧困現象，貧困人口對廣告的態度及受廣告的影響與普通大眾相比具有著差異。在對美國南方城市黑人消費者調查中，[2]黑人對廣告的態度總體上偏消極，其部分原因在於廣告本身的群體定位。二十世紀的廣告公司大多為白人控制，他們針對的宣傳群體也主要是白人，特別是白人中產階級，這些原因在一定程度上造成了廣告形式和內容的指向性，甚至會對黑人產生不友好的印象。此外，生活在城市的黑人主要從事一些低收入行業，經濟條件也制約著其消費行為，消費能力的不足是其對廣告持消極態度的主要原因。[3]此外，外來移民

2　Paul k. Edwards, *The Southern Urban Negro As a Consumer*, Maryland: McGrath Publishing Company, 1932, pp. 134-150.

3　二十世紀二〇年代，美國社會雖然已經出現了新消費文化，但仍有部分群體因為經

對廣告的態度也因其社會地位、經濟能力、文化差異別與美國本土居民存在差異。特別是從非工業化國家而來的移民，由於其自帶的強烈母國傳統文化因素，他們對美國廣告所提倡的新生活方式和購買習慣格格不入，但出於融入美國社會的需要，適應這一新消費文化又是不得不面對的現實。

二　對當下中國消費文化建設的啟示

十九世紀末至二十世紀初是美國社會轉型的重要時期，美國從傳統農業社會實現了向現代工業化社會的轉變。經濟發展實現了質的飛越，大眾也基本告別了物質短缺的時代，流水線上的美國開始被富足的各類商品所包圍，同時進步運動也在一定程度上糾正了轉型過程中社會出現的一些弊端，為社會健康、持續發展創造了良好的社會大環境。商品經濟的快速發展為美國社會文化的轉型提供了土壤，新消費文化就是美國社會轉型的產物之一。這一時期的新消費文化具有各階級民眾廣泛參與的特點，它的參與者主要包括了城市中的中產階級、工人階層以及生活在鄉村的農民，廣泛的社會參與使得新消費文化具有廣泛的社會基礎，大眾消費品能較快融入於普通百姓的生活之中，同時受大眾追捧的中產階級的生活模式對消費文化的傳播與普及起了積極的示範作用。新時消費文化不僅體現在物質消費方面，也體現在人們對提升自身素質與精神文化消費的關注，兩種消費活動從整體上改變了這一時期人們的生活體驗。

在新消費文化興起過程中，廣告逐漸滲透到到人們日常生活的方

濟收入等問題陷入貧困之中，他們並沒有真正融入到新消費文化之中。如破產的農民、失業的工人、新來的移民等。有關內容可參見：Poverty in the 1920s，來源：http://memory.loc.gov/ammem/coolhtml/ccpres07.html。

方面面，影響著人們的消費習慣和生活方式。現代廣告業的發展為新消費文化的普及創造了有利條件，它透過新聞報紙、雜誌以及廣播等現代媒體業實現了廣告效用的最大化。在現代廣告潛移默化的影響下，人們逐漸改變著消費習慣，接受越來越多的新式商品，並在不知不覺中接受了與這種消費形式相對應的生活方式和價值觀。不過，廣告塑造新消費者的過程也不是一蹴而就的，人們對廣告的態度在不斷發生變化，二者的關係經歷了一個較為長期的磨合過程，在這一過程廣告業逐漸實現了科學規範化的良性發展。雖然在十九世紀末二十世紀初，新消費文化剛剛興起的這一段時期內理性消費仍為主流消費模式，但這一時期開始流行的以信貸支付為主要形式的超前消費模式，以及受廣告影響所出現的過度消費、奢侈消費等非理性消費，導致了消費主義的氾濫與一系列社會問題的產生，這為當今仍處於轉型時期的中國敲響了警鐘。

　　經濟發展是大眾消費文化產生的重要物質基礎和前提。改革開放之前，我國經濟發展水準較低，多數中國家庭的消費能力並不充分，除了維持生計的基本消費外，缺少旨在提升生活品質的消費活動，即使小部分較富裕家庭，當時所追求的奢侈品也無非是自行車、縫紉機、半導體收音機、手錶等基本生活耐用品。改革開放以後，我國經濟發展取得巨大成就，尤其是市場經濟在我國確立以後，中國由賣方市場逐步進入買方市場，社會整體的消費能力日益提高，消費開始受到社會和人民的重視，消費社會開始顯現。如在具體生活中，人們不僅滿足基本的吃穿類生存消費，且更注重生活品質提高類的消費，消費種類日益多元化，此外大眾娛樂的興起也活躍了民眾精神類消費。分期付款、信用消費等新興的消費方式在很大程度上刺激了社會大眾的消費意願，加速了大眾消費的發展。類似於美國新消費文化興起、發展歷程，現階段，我國民眾的消費方式、生活方式和價值觀都發生

了不同程度地變化，大部分民眾透過消費提高了生活水準，拓展了消費層次。總的來說，改革開放以後，我國民眾的消費，無論從數量還是從品質上都有了很大的改善和提高，整體上實現了從「生存性消費」向「發展性消費」的過渡。

當下，我國已實現小康社會的奮鬥目標，經過長期的經濟社會發展積累，廣大人民具備了改善物質與精神生活的條件，具備了充分的消費能力。但隨著消費的不斷生機、媒體的急速發展，消費領域也開始出現一系列不良現象，如導致人們（尤其是年輕人）盲目脫離現實經濟實力的超前消費，引發了許多與之有關的消費問題和社會問題，這應當引起我們的足夠警惕。特別是，與二十世紀初的美國不同，如今廣告的形式和管道更加豐富，電視、互聯網及新媒體的宣傳引發了資訊的無序覆蓋，在缺少有效監管的情況下，一些廣告會誤導消費者，使人們形成錯誤的消費觀念甚至影響到人生價值觀的形成。當前我國應從如下幾個方面，自覺加強轉型期健康消費文化建設，引領國人理性消費，促進經濟社會的健康和諧發展。

首先，鼓勵健康、積極地消費活動。消費是推動社會經濟發展的重要動力與有效手段，尤其是在世界經濟、政治環境不確定因素的影響下，充分、健康的國內消費對經濟的持續發展至關重要。政府層面應當積極鼓勵健康的、可持續的消費活動，引導社會形成良好的消費文化。大眾消費文化不同於社會上少數人的精英消費、炫耀消費，大眾消費的主要目的在於提高、改善消費者的生活水準，所以應當創造條件鼓勵人民消費，如增加就業、提高人民的經濟收入水準，保障其具備一定的購買力；努力保障人民的住房、醫療和養老問題，為人民合理的消費解決後顧之憂。此外，既要鼓勵滿足廣大人民生活水準改善的物質消費活動，同時也要鼓勵提高精神生活的消費活動，透過此類消費，提高人民的文化水準、精神面貌。在當前階段，我國已全面

進入小康社會，更高層次的精神領域消費成為人民的重要需求，政府應當積極創造條件滿足此類消費需求與意願。此外，協調城鄉發展、增加農民的經濟收入，提高農村地區居民的消費意願，讓最廣大人民群眾都能享受到國家快速發展的紅利。

其次，規範現代媒體的廣告宣傳，抵制非理性的消費活動。在消費至上理念影響下，消費水準和消費能力成為人的身分地位、成功與否、價值高低的評判標準，其結果，外在強加的「虛假性需求」使一些人為滿足不切實際的消費需求而疲於奔命。當前一些人的消費狀況正如二十世紀弗洛姆所描繪的：「如果我有錢，即使我對藝術沒有鑒賞力，我也可以得到一幅精美的繪畫……儘管只是為了炫耀之用。」[4] 然而，脫離常態的消費會使社會處於一種畸形狀態，這就迫切要求引導消費者心態的理性回歸，改變不可持續的生產方式和消費方式，宣導健康合理的消費方式。在引起這些社會問題中，廣告往往起著推波助瀾的作用，因此，從國家層面，應當增加相關立法，規範各種媒體廣告的宣傳導向、審核廣告內容，尤其需要加強媒體對青少年群體的宣傳。此外，規範民間信貸消費、提倡合理的信貸消費，取締不合格的小型信貸公司，尤其是警惕信貸消費對年輕人造成的誤導與負面影響。

最後，宣導適度消費、迴圈消費和可持續消費等新消費理念。消費一方面連接著人與自然，另一方面連接著自己與他人，前者主要是生產力向度，後者主要是生產關係向度。比較而言，只有改善了人與他人的關係，才能切實地促進人與自然的和諧。對於當代中國而言，要維護和促進消費領域社會公平正義，每個消費者在注重自身理性消費、適度消費與可持續消費之時，也要尊重他人合理的消費訴求和代

4　（德）弗羅姆著、孫愷祥譯：《健全的社會》（貴陽市：貴州人民出版社，1994年版），頁107。

際正義。這裡的「他人」不僅指與我們同時代的人（代內公平），還包括我們的子孫後代（代際公平）。「現代消費文明在縱容人們向自然掠奪的同時，也等於慫恿人們向後代進行掠奪。因此，這種消費文明在一定意義上是『代際自私』的，是以犧牲後代的生存環境和條件為代價來換取本代人的物質享樂。」[5]顯然，這是一種不公正不可持續的消費觀。如果我們謀求一個對環境和子孫後代負責的未來，謀求一個對人類尊嚴和生命的脆弱性充滿道德關切的未來，那麼就必須強化消費者的「社會責任」和「代際責任」。[6]迴圈消費的特點是對人類生活消費和生產消費的廢棄物進行回收、再生和利用，旨在減少對原始自然資源的使用和環境污染，同時，對環境的治理由末端治理發展到對生產程序控制和清潔生產，從而大大減少了生產過程中廢物的輸出。迴圈消費是可持續消費的內核。[7]這些觀念與之前的消費主義、享樂主義觀念互相衝撞，互相制衡，成為現代人們追求的先進理念。

綜上所述，任何一種消費文化都不是自發形成的，它需要國家的培育和引導，需要社會的呵護，更需要個人的選擇與擔當。消費首先必須滿足兩個基本前提條件：有能力消費和有意願消費，前者是消費的客觀條件，後者是消費的主觀條件。可見，增加勞動者收入是提升消費能力的首要前提，而提高社會保障水準則是促進消費的重要方面。處於轉型期的我國消費文化建設應立足於實際和消費者的真實需求，引導消費者樹立理性健康的消費觀，使社會生產、社會消費和社會秩序處於和諧健康狀態。同時，面對形形色色的誘惑，如何把握好

5　王寧：《消費社會學》（北京市：社會科學文獻出版社，2011年版），頁235。

6　張豔濤：〈新常態境遇下中國消費文化建設路徑探析〉，《山東社會科學》2016年第1期，頁15-19。

7　楊魁、高海霞：〈西方消費文化觀念的歷史變遷與發展取向〉，《蘭州大學學報社會科學版》2009年11月第6期，頁82-88。

尺度，既要消費，又不能過度消費，對現在的消費者來說無疑將是一個非常嚴峻的考驗。因此，我們應當宣導適度、綠色、可持續的消費文化觀念，並讓每一位消費者自覺自願地將這種觀念付諸於行動，在一定程度上，這也是每一位公民應盡的責任。

參考文獻

一　外文專著

Jerome de Groot, *Consuming History: History and Heritage in Contemporary Popular Culture,* New York: Routledge, Taylor & Francis Group, 2008.

Stanley Lebergoot, *Pursuing Happiness: American Consumers in the 20th Century,* New Jersey: Princeton University Press, 1993.

Thomas Dublin, *Farm to Factory: Women's Letters, 1830-1860,* New York: Columbia University Press, 1993.

Susan Strasser, Charles McGovern and Matthias, *Getting and Spending: European and American Consumer Societies in the 20th Century,* Washington, D. C.: Cambridge University Press, 1998.

Charles McGovern, *Sold American: Consumption and Citizenship 1890-1945,* Chapel Hill: The university of North Carolina Press, 2006.

Neva R. Goodwin, Frank Ackerman and David Kiron, eds., *The Consumer Society,* Washington, D. C.: Island Press, 1995.

Mike Featherstone, *Consumer Culture and Postmodernism,* 2nd edition, Los Angeles: Sage Publications, 2007.

Roger Rosenblatt, *Consuming Desires: Consumption, Culture and the Pursuit of Happiness,* Washington, D. C.: Island Press, 1999.

Pamela Walker Laird, *Advertising Progress: American Business and the*

Rise of Consumer Marketing, Baltimore: The Jones Hopkins University Press, 1998.

Rudy Ray Seward, *The American Family: A Demographic History*, Beverly Hills: Sage Publications, 1978.

Winifred Barr Rothenberg, *From Market-Place to a Market Economy: The Transformation of Rural Massachusetts, 1750-1850*, Chicago: The university of Chicago Press, 1992.

Scott C. Martin, *Cultural Change and Market Revolution in America 1789-1860*, Maryland: Rowman & Littlefield Publishers, 2005.

James G. Moseley, *A Cultural History of Religion in America*, Connecticut: Greenwood Press, 1981.

Roxanne Hovland and Joyce M. Wolburg, eds., *Advertising Society and Consumer Culture*, New York: M. E. Sharp, 2010.

Arthur Asa Berger, *Shop Till You Drop: Consumer Behavior and American Culture*, Lanham: Rowman & Littlefield Publishers, 2005.

James C. Davis, *Commerce in Color: Race, Consumer Culture and American Literature, 1893-1933*, Michigan: The University of Michigan Press, 2007.

Donald M. Scoot and Bernard Wishy, eds., *America's Families: A Documentary History*, New York: Harper and Row Publishers, 1982.

Allan Carlson, *The Family in America: Searching for Social Harmony in the Industrial Age*, New Jersey: Transaction Publishers, 2003.

Lawrence B. Glickman, *Consumer Society in American History: A Reader*, New York: Cornell University Press, 1999.

John Desmond, *Consuming Behavior*, New York: Palgrave, 2003.

Gray Cross, *An All-Consuming Century: Why Consumerism Won in Modern America*, N. Y.: Columbia University Press, 2000.

Brian Greenberg and Linda S. Watts, ed., *Social History of the United States: The 1900s,* California: ABC-CLIO, 2009.

Gordon Reavley, ed., *Social History of the United States: The 1910s,* California: ABC-CLLO, 2009.

Linda S. Watts, Alice L. George and Scott Beekman, ed., *Social History of the United States: The 1920s,* California: ABC-CLIO, 2009.

Susan J. Matt, *Keeping Up With the Jones: Envy in American Consumer Society, 1890-1930,* Philadelphia: University of Pennsylvania Press, 2003.

二　外文參考網站

http://library.duke.edu/digitalcollections

http://memory.loc.gov/ammem/coolhtml/ccpres01.html

三　中文專著

李劍鳴　《美國的奠基時代1585-1775》　北京市　人民出版社　2005年

李劍鳴　《世界現代化歷程——北美卷》　南京市　鳳凰出版集團江蘇出版社　2010年

張友倫　《美國的獨立和初步繁榮1775-1980》　北京市　人民出版社　2002年

張曉立　《美國文化變遷探索——從清教文化到消費文化的歷史演變》　北京市　光明日報出版社　2010年

王曉德　《文化的帝國：二十世紀全球「美國化」研究》　北京市　中國社會科學出版社　2011年

丁澤明　《美國內戰與鍍金時代1981-19世紀末》　北京市　人民出版社　2005年

于志森　《崛起和擴張的年代1898-1929》　北京市　人民出版社　2005年

王　旭　《美國城市發展模式──從城市化到大都市區劃》　北京市　清華大學出版社　2006年

王　旭　《美國城市化的歷史解讀》　長沙市　岳麓書社　2003年

袁　明　《美國社會與文化十五講》　北京市　北京大學出版社　2003年

何順果　《美國歷史十五講》　北京市　北京大學出版社　2007年

王　寧　《消費社會學》　北京市　社會科學文獻出版社　2011年

徐更生　《美國農業政策》　北京市　中國人民出版社　1991年

王恩銘　《當代美國社會與文化》　上海市　上海外語教育出版社　1997年

（美）丹尼爾・布爾斯廷　《美國人──民主歷程》　《美國人──民主歷程》　中國對外出版翻譯公司譯　北京市　生活・讀書・新知三聯出版社　1993年

（美）艾倫・布林克利，邵旭東譯　《美國史1492-1997》　海口市　海南出版社　2009年

（美）加里・納什著　劉德斌譯　《美國人民──創建一個國家和一種社會》　北京市　北京大學出版社　2008年

（美）埃里克・方納著　王希譯　《美國自由的故事》　北京市　商務藝術館　2002年

（美）斯坦利・L・恩格爾曼等著　高德步等譯　《劍橋美國經濟史》　北京市　中國人民大學出版社　2008年

（英）邁克・費瑟斯通著　劉精明譯　《消費文化與後現代主義》　南京市　譯林出版社　2000年

（美）丹尼爾・貝爾著　趙一凡等譯　《資本主義文化矛盾》　北京市　三聯書店　1989年

（法）尼古拉・埃爾潘著　孫沛東譯　《消費社會學》　北京市　社會科學文獻出版社　2005年

（英）西莉亞・盧瑞著　張萍譯　《消費文化》　南京市　南京大學出版社　2003年

（美）希歐多爾・德萊賽著　裘柱常譯　《嘉莉妹妹》　上海市　上海譯文出版社　2011年

（美）弗蘭西斯・斯・菲茨傑拉德著　李繼宏譯　《了不起的蓋茨比》　天津市　天津人民出版社　2013年

（法）托克維爾著　董果良譯　《論美國的民主》　北京市　商務藝術館　2012年

（美）愛德溫・埃默里、邁克爾・埃默里著　蘇金琥等譯　《美國新聞史》　北京市　新華出版社　1982年

四　中文期刊文獻

郭立珍　〈二十世紀初期美國消費文化轉型考察〉　《北方論叢》　2010年第1期

張敦福　〈發達資本主義社會的消費文化〉　《福建論壇・人文社會科學版》　2012年第4期

潘小松　〈美國文化研究中的消費主義問題〉　《粵海風》　2005年第1期

蔣道超　〈消費文化、身分建構、現代化——美國二十世紀消費文化的流變〉　《外語研究》　2004年第2期

季文娜　〈美國宗教信仰之消費式選擇模式〉　《高等函授學報（哲學社會科學版）》　2010年第8期

潘海林　〈二十世紀二〇年代美國消費文化的崛起〉　《戴宗學刊》
　　　　第4期　2006年12月

劉鳳歡　〈一九二〇年代美國大眾文化與「消費偶像」的誕生〉　《中
　　　　外企業家》5期下　2010年

慧　敏　〈當代美國大眾文化的歷史緣起〉　《山東師範大學學報》
　　　　（人文社會科學版）第2期　2009年

張文偉　〈論「消費主義」在美國的興起和初步發展〉　《湛江師範
　　　　學院學報》第5期　2004年10月

肖華鋒　〈論美國報刊媒體的大眾化1865-1914〉　《史學月刊》第11
　　　　期　2002年

張　健　〈從「尷尬的親戚」到「高高在上的主人」—進步主義時代
　　　　美國廣告業與報刊社會關係的再構建〉　《新聞大學》第2期
　　　　2010年

史學研究叢書·歷史文化叢刊 0602021

美國現代廣告業與新消費文化的興起 1885-1929

作　　者	楊韶杰
責任編輯	官欣安
特約校稿	林秋芬

發 行 人	林慶彰
總 經 理	梁錦興
總 編 輯	張晏瑞
編 輯 所	萬卷樓圖書股份有限公司

臺北市羅斯福路二段 41 號 6 樓之 3
電話 (02)23216565
傳真 (02)23218698

發　　行　萬卷樓圖書股份有限公司
臺北市羅斯福路二段 41 號 6 樓之 3
電話 (02)23216565
傳真 (02)23218698
電郵 SERVICE@WANJUAN.COM.TW

香港經銷　香港聯合書刊物流有限公司
電話 (852)21502100
傳真 (852)23560735

ISBN 978-986-478-525-4

2021 年 9 月初版
定價：新臺幣 260 元

如何購買本書：

1. 劃撥購書，請透過以下郵政劃撥帳號：
   帳號：15624015
   戶名：萬卷樓圖書股份有限公司

2. 轉帳購書，請透過以下帳戶
   合作金庫銀行 古亭分行
   戶名：萬卷樓圖書股份有限公司
   帳號：0877717092596

3. 網路購書，請透過萬卷樓網站
   網址 WWW.WANJUAN.COM.TW

大量購書，請直接聯繫我們，將有專人為您服務。客服：(02)23216565 分機 610

如有缺頁、破損或裝訂錯誤，請寄回更換

國家圖書館出版品預行編目資料

美國現代廣告業與新消費文化的興起 1885-1929/楊韶杰著. -- 初版. -- 臺北市：萬卷樓圖書股份有限公司, 2021.09
面；　公分. -- (史學研究叢書. 歷史文化叢刊 ;602021)
ISBN 978-986-478-525-4(平裝)
1.廣告業 2.消費文化 3.美國
497.8　　　　　　　　110014163